精细化零售

实战营销

陈申华

中国林业出版社

图书在版编目(CIP)数据

精细化零售：实战营销/陈申华著.——北京：中国林业出版社,2021.4
ISBN 978-7-5219-1075-9

Ⅰ.①精… Ⅱ.①陈… Ⅲ.①零售商业—市场营销学 Ⅳ.①F713.32

中国版本图书馆CIP数据核字（2021）第044245号

策划编辑：杜 娟
责任编辑：樊 菲 杜 娟

出版	中国林业出版社（100009 北京市西城区德胜门内大街刘海胡同7号）
电话	（010）8314 3610
发行	中国林业出版社
印刷	北京中科印刷有限公司
版次	2021年6月第1版
印次	2021年6月第1次
开本	720mm×1020mm 1/16
印张	13.75
字数	200千字
定价	58.00元

未经许可，不得以任何方式复制或抄袭本书的部分或全部内容。

版权所有 侵权必究

序 一

申华是我的师弟,也是我的同事,很高兴受他委托为他的新作写序。在我们共事的日子里,我对申华有了更全面深刻的了解。在我的眼里,他是一名运动员,他酷爱运动,他在马拉松赛场上,用汗水和速度书写自己精彩的人生,证明自己的执着和毅力;他也是一名教练员,他乐于把自己在实战中获取的知识和经验分享给团队和他人;当然他也是一名经营者,他在经营中有理念,有方法,也有行动,他很清楚经营者的价值靠结果来体现,他的书其实也就是为了帮助经营者得到更好的结果。

作为一名资深零售人,申华把他20年的零售经验浓缩在本书中,这是他的心血力作,也是他零售情怀的深刻表达。本书与其说是一部作品,不如说是一套实操工具。全书思路清晰,结构缜密,从产品到团队,从店面到市场,从传统到创新,用大量真实数据和案例,深入浅出,环环相扣,全面呈现了实体零售行业的经营管理和市场营销的盈利秘诀。特别是书中有大量的工具表格,可以让读者拿来即用,用则有效,可以说,这其实是一本"零售真经"。值得一提的是,无论多么先进的管理工具,配套的执行机制才是让工具效果发挥到最大化的关键。

众所周知,家居建材行业正面临着上游地产行业结构性调整而造成的连锁反应:全球设计潮流对产品风格带来的重新定义,宏观经济环境对消费行为所产生的深远影响,以及互联网在疫情催化下对消费方式带来的更大改变,当然还有例如设计师带货、出口转内销等因素的挑战和考验。作为零售终端,所有这些外力的集中爆发,加上实体零售终端一贯以来粗放式的经营管理现实,显然已经无法在如此恶劣的环境下取得健康的发展,大量实体门店面对生存困境,不知何去何从。一大批受"大商"风潮影响的零售经销商可能面临着"大而不强，大而不盈"的艰难境况。从发展的角度看，整个经济情况趋好是必然的，然而，经过这一轮的大洗牌，零售终端将如何转危为机活下来？如何逆势增长？如何可持续经营？这些是摆在经营者面前重要的三个自我拷问。我想，或许可以在这本书中找到一些答案。

零售经营是一门"真功夫"，需要内外兼修，以上问题同样值得零售终端上游的企业和渠道工作者们深度思考和挑战。申华师弟是个有心人，适时推出这本书值得点赞，推荐正在零售行业寻找突破口或者对零售行业感兴趣的朋友们"悦"读细品。

读着申华的书作，我思绪万千，2020年确实太不平凡，一路匆匆不觉年关在即。今年北京的初雪来得比往年更早一些，看着窗外北方少有的绵绵雨夹雪，正是，寒冬将至风刺骨，瑞雪迎春兆丰年。权作对来年的美好祝愿和期盼。

亚振家居副总裁

2020年11月于北京

序 二

我和陈申华是国内知名家居零售连锁品牌美克美家的同事，彼此相识有10多年，一直都是相敬相惜的好朋友。

因为他在家居零售管理方面十数年的精耕、细理和提炼，因为他为人处事的坚持、毅力和自律，在我心里他始终是"一哥"的地位，所以我也就习惯地称呼他为"华哥"。

除了亲切的"华哥"称呼以外，其实，他在我的脑海里还有多种形象。

他是大家喜爱的陈店——认识华哥源于我代表集团培训部门去他管理的门店学习和提炼最佳实践方案的机会，当时他是上海门店的店长。每周例会，华哥都会认真帮助大家分析销售业绩和客户情况，明确工作目标和确定努力方向，给大家设计模拟演练和团队游戏。除此之外，华哥还会用心地在晨会中给大家带来温暖，一份早餐和一杯咖啡……所以华哥带的团队不仅总是业绩领先，而且也是员工流失率最低、凝聚力最强的。

他是讲台上的资深讲师——华哥将他多年在一线管理门店、领导团队和服务客户的实战经验总结出十几门课程，并在全国数十个城市开展过上百场培训，帮助众多管理人员提升了职业技能和管理效率。

他是马拉松赛场上的健将——除了在工作上是一个极有方法和能力的人，华哥更是一个有超凡毅力和极度自律的人。他一直保持着良好的作息和身材，一直坚持运动，是各城市马拉松赛场上的健将，成功带动了身边很多的朋友爱上了跑步运动，大家一起找回了健康和快乐。

他是家居零售行业的干货作家——华哥不仅是一位长期奋战在一线的零售实

战家，更在繁忙的工作之余将20多年积累的零售管理经验、方法和案例进行了认真的整理，书写了40多万字的两本精细化零售的书籍，填补了中国家居零售书籍的空白。

过去的7年间，我走访过不少城市的多家零售门店，也给很多优秀的家居零售品牌做过培训，深感很多家居品牌和门店缺乏系统、专业、科学、高效的零售管理体系、实践经验和方法。华哥的这本书正如一场及时雨，定会给家居零售行业从业者带来更全面的营养和更迅捷的成长。

这是一本家居零售管理宝典，我建议家居行业从业者人手一本，无论是通读全书按书中逻辑和方法落地应用，还是在遇到经营困惑时有针对性地查阅，你都将受益匪浅、收获满满。

加涅家居零售管理咨询（上海）
有限公司创始人　杨媛

2020年12月于上海

前 言

以产品为导向的传统零售,已经无法抵挡互联网技术的冲击,实体零售店面的生存愈发艰难,因此零售从业人员的数量日趋减少,许多年轻人不再敢轻易涉足这一领域。与此同时,那些以往在零售行业挣扎的"老人们",在承受了多年的销售压力后,心中难免也会产生不少的疲惫感,影响到自身的战斗力,或许已重新选择了新的行业。

在这种背景下,国内零售行业人才就出现了供不应求的现象,因此,人才供需失衡是零售行业绕不开的话题。然而,对于正在从事或即将选择零售行业的人来说,终究要正视这种局面,还要有应对未来需求的勇气。那么,读一读这本书,不管是零售小白,还是从业了几年的零售人,都会找到一条清晰的探索之路。

本书的内容以零售店面的营销为主,书中引用了大量的真实案例,每一个案例都来自笔者的亲身实战。推荐给大家的每一种方法,也都经过了实战的检验。所以,文中的每一个文字都是笔者在零售一线工作20多年来的积淀。

笔者从事了20多年的零售工作,包括7年的快销品零售和10多年的家居零售,这些经历给了笔者不少的滋养。所以,本书的内容对于家居销售人来说,并不陌生,阅读后自然会有感触。零售的精髓在各个行业中其实也是互通的,家居行业的方法自然也可以使用在其他的销售品类中。

针对销售顾问个人,笔者用了较大篇幅分叙了两部分的内容。

其一是金牌销售的基本技能,这里所说的是技能,而不是所谓的技巧。在笔者看来,技能和技巧是有区别的。在实战中,笔者一直致力于为销售顾问提供技能的引导和培训,而不是技巧。技能是真切的本领,它完全可以被复制,被长期使用。技巧则不然,每个人的性格有差异,同一种技巧并不适合所有人。

技能是在潜移默化的工作中形成的，读者在书中看到这些技能时，不会感觉到陌生和晦涩。很多销售顾问初听技巧理论时，会觉得醍醐灌顶，然而在听完之后，却发现很难使用，因为客户根本不会配合使用这些技巧。换言之，客户往往一眼就会看穿销售顾问玩弄的销售技巧，有时候，只是不愿意点破而已。即使是技能，笔者也从精细化的角度出发，细分了10项最基本的技能，用近3万字来逐一解释，相信能够帮助各位读者。

其二是玩转微信，微信是任何一个网络聊天工具所无法匹敌的，微信带来了红利也带来了危机。对于用户而言，就意味着自己的信息将会被更多的商家所截取。对于商家而言，如果没有线上的客户引流渠道，自己的准客户会越来越少，老客户也会逐步被其他商家抢走。对于销售顾问而言，准客户会通过微信接触到更多的产品信息，会与更多的销售顾问联系，从而会对产品和销售顾问进行认真、全面的了解和比较，这无疑将会增加成交的难度。因此，销售顾问个人要习惯使用微信，在微信上展示自己的优势、宣传产品，从而取得客户的信任，并在微信上与对方进行高效的交流。

实战营销的内容聚焦的就是业绩，通俗讲就是如何做生意，一切内容也都围绕着精细化零售的角度，深入接待客户、日常经营、市场调研、拓展客户群体、成交活动等细枝末节之中。

精细化零售本身强调的就是细节，店面和个人业绩自然也离不开对数据细节的分析和使用，所以本书也重点聚焦到足以影响业绩的关键数据，并推荐了几十份实用的表格供大家借鉴。

做零售的你，要永远相信，唯有比他人做得更精、更细，才能让自己的工作和生活变得更好。要一直相信，借力可以让你走得更快、更稳。精细化零售系列书籍就是这样的一个"力"！

2021年4月

目 录

序 一
序 二
前 言

第一章
聚焦营销的表格

第一类表格　销售顾问管理业绩的3张表 /02
第二类表格　渠道拓展工作表 /08
第三类表格　老客户信息表 /14
第四类表格　驻店设计师工作表 /16
第五类表格　客服回访表 /21

第二章
有效的业绩指导

知识点一　业绩指导的意义 /30
知识点二　业绩指导的3张表 /31
知识点三　业绩指导的五步法 /36
知识点四　有效指导的技巧 /39

第三章
日常经营的基础

经营基础一　从晨会就开始战斗 /46
经营基础二　站位和接待 /50
经营基础三　日常巡店 /51

第四章
客户报备和订单归属

关键环节一　客户报备的细节 /57
关键环节二　订单纠纷的处理 /61

第五章
金牌销售的基本技能

基本技能一　高质量的初次接待 /66
基本技能二　展示自身形象 /70
基本技能三　捕捉敏感话题 /72
基本技能四　渗透性提问 /76
基本技能五　延展性回答 /79
基本技能六　细化客户风格 /84
基本技能七　持续跟踪客户 /89
基本技能八　左手设计，右手销售 /92
基本技能九　拓展客户的来源渠道 /96
基本技能十　成交技能 /99

第六章
玩转微信

玩转方法一　认识个人微信的价值 /112
玩转方法二　设置好微信名片的5个细节 /113
玩转方法三　掌握持续积累微信客户的方法 /116
玩转方法四　精准发布朋友圈 /119
玩转方法五　充分利用微信小工具 /128
玩转方法六　做好微信群营销 /131
玩转方法七　运营好店面微信公众号 /142

第七章
市场调研

调研细节一　市场调研的要点 /152
调研细节二　市场调研的要求 /161
调研细节三　调研结果的使用 /162

第八章
楼盘的深耕

深耕要点一　制作作战地图 /166
深耕要点二　深挖针对性资源 /167
深耕要点三　不同时间节点的深耕行动 /169
深耕要点四　样板间营销 /174
深耕要点五　日常扫楼 /178
深耕要点六　关于地产合作案例的思考 /179

第九章
发挥品牌联盟的长效作用

方法一　完善选择联盟品牌的思路 /182

方法二　委派专人管理联盟 /183

方法三　掌握品牌联盟的运营细节 /184

方法四　举办合作互惠的走店沙龙 /187

第十章
高效执行线下营销活动

高效执行要点一　对营销活动的理解 /190

高效执行要点二　影响活动成功的9个要点 /191

高效执行要点三　活动执行的细节标准 /197

高效执行要点四　确保活动效果的延续 /201

高效执行要点五　销售顾问该如何执行和利用好活动 /203

结　语 /205

第一章
聚焦营销的表格

　　面对严峻的市场竞争，零售店面都重视收集各类经营信息。为提升对信息的理解和使用，变反馈为前馈，让信息产生价值，使用表格工具来管理信息是一种重要方法。表格中的信息既是客观存在的事实，又是管理店面、制订行动措施的基础。店面最终借助表格把控经营过程，确保具体的措施能得到有效执行。

　　店面所有工作的重心是提升业绩，因此聚焦业绩的表格才最具价值。笔者从实战中使用的众多表格中筛选出12张聚焦业绩的重点表格，本章内容主要讲述这些表格的使用要点。

第一类表格
销售顾问管理业绩的3张表

通过为众多销售顾问进行业绩指导，笔者总结出客户成交与否与维护的频率和效果最为相关。为了能及时反馈维护的信息，督促销售顾问重视这个环节，就设计了跟踪客户的表格。

表格信息主要围绕着跟踪客户的过程和两种跟踪结果，一种是跟踪到成为重点客户并成交，另一种是跟踪到遗憾丢单。为方便使用，特地将全部内容整合在一张表内。

一、客户跟踪信息表

1. 一人一表，不分月

使用这份表格时，不应将店面所有销售顾问的客户信息填写在同一份表体内，而应当是每位销售顾问单独使用一份表体。

对于销售顾问记录下来的客户信息，为方便筛选、分析和总结，它们需要在一张表格内清晰地呈现，因此这份表格不要采取按月份分表的形式。销售顾问在接待到新客户后，应当依次在该表格内添加客户信息。

2. 标识客户状态，保留所有客户信息

对于已填写的客户信息不能因为状态的改变而删除，销售顾问应当及时使用整行标色的方法来区分客户状态，比如整行标蓝表示为已下单客户、标红表示为丢单客户、标黄表示为已转化成重点意向客户。

客户跟踪信息表

客户编号	销售顾问	客户名称	联系方式	进店渠道准备态	楼盘地址	楼盘面积/m²	楼盘状况	初次接待日期	初次接待时长/min	跟踪过程							下次计划
										家访日期	无须家访理由	出方案日期	洽谈方案日期	预计金额/元	意向系列	最近更新日期	最新跟踪状态（使用编辑批注方式，不要删历史记录）

填写要求：该表仅由销售顾问填写；针对每日接待的客户均须在最后行添加；不分月依次延续；丢单客户不允许删除，只需整行标红即可。

特别提醒："最新跟踪状态"一列，须使用编辑批注的方式填写；不要删除历史跟踪记录，历史记录将作为评判"客户保护期"和解决订单纠纷的重要依据。

3. 使用备注更新跟踪过程

"最新更新日期"一列，可以帮助销售顾问清楚查看所有客户的跟踪时间；"最新跟踪状态"一列，必须使用编辑批注的方法来填写最新的跟踪记录。

在编辑批注时，不能删除跟踪的历史记录，因为这里面有前期跟踪的具体时间、频率和内容，它们能反馈出销售顾问跟踪客户所做出的全部行为。

4. 发送要求

为达成上述目的，销售顾问每周至少更新两次表格的信息，并发送给店面管理者。实战中，笔者曾在一段时期内，要求销售顾问必须每天发送更新表给店长，并且要与店长逐一沟通更新详情。事实证明，通过这种压迫式的措施，销售团队能快速养成良好的工作习惯，个人业绩也能取得连续的攀升。

这份表格能够帮助店面精准预测次月的销售额，因为管理者能轻松筛选出标为黄色的重点意向客户，逐一分析其成交的可能性和困难，从而生成"次月待成交客户表"。

二、次月待成交客户信息表

1. 它是预测次月业绩的重要依据

每个月底，销售顾问填报该表格，填写的过程就是梳理客户的过程，能体现出个人的责任心，是对店面做出业绩承诺的依据。

填写完成后，交由店面管理者进行审核，管理者根据表格内容来核对每位销售顾问次月的计划目标，两者如果存在较大差异，就需要与他们进行分析和探讨，制订出个人的弥补措施。

2. 它是帮助管理重点客户的工具

销售顾问在填写表格时，会存在漏报意向客户的情形。通常销售顾问希望上

次月待成交客户信息表

序号	销售顾问	客户姓名	联系方式	楼盘地址	初次接待日期	购买品类	预计金额/元	进店次数/次	家访情况	方案情况	竞争对手	所需支持

报的客户都能确保成交，而对于自己并无把握、尚处于犹豫状态的客户，就会选择性地漏报。因此，为了避免客户的流失就需要通过这份表格来监督和总结跟踪客户的过程。

这份表在刚开始使用时，管理者或许并不会对它有特别的感触，但是在连续使用一段时间后，一旦大家养成了填报习惯，表格的价值就会逐渐显现。

实战中，需要管理者和销售顾问养成连续分析次月待成交客户信息表的习惯，逐一分析销售顾问多个月份的表格，包括意向客户的数量、状态变化和成交占比趋势。这样做能避免销售顾问凭着个人想法去判断客户，即使最终丢单，也要分析跟踪和维护客户过程，从中找到原因，并进行反思。

3. 它是帮扶员工的工具

作为管理者，需要理性、科学地评判销售顾问的日常工作状态，这份表格就是其中的一个工具。它与"客户跟踪信息表"相互结合，管理者与销售顾问沟通每一位客户的具体情况，比如量房和方案进展、客户的累计进店次数，帮助对方梳理出次月待下单的客户目标；针对把握不住客户的销售顾问，更要给予其针对性的帮扶，甚至管理者自己就制订出协助对方签单的目标，这是管理者作为一个资深销售顾问所应担负的责任。

三、丢单客户反馈表

在所有进店客户中，有成交的，自然也有丢单的，这很正常。然而，对于那些丢单客户，他们已然了解过店面、产品和服务，因此店面不能轻易浪费。销售顾问更要认真分析跟踪过程中的反馈信息，要有从他们身上挖掘价值的意识。这种价值，显然并不局限在转介绍的机会上。

1. 正视全部的服务过程

从这份表格内，大家能看到比较全面且具体的信息内容，前半部分是初次接

丢单客户反馈表

序号	客户姓名	联系方式	进店渠道	初次接待质量						过程回顾						分析总结		后期经验	价值挖掘
				楼盘地址	楼盘面积/m²	初次进店日期	初次接待时长/min	累计进店次数/次	累计联系次数	最后跟踪日期	确认丢单日期	有无家访			有无方案		意向系列	客户购买品牌（若知则填）	丢单主要原因分析	经验教训	有无后期价值下一步维护计划、频率
												家访日期	无须家访理由	定稿日期	报价金额/元					

07

待质量的内容，后半部分是跟踪维护过程的回顾，比如累计进店次数、量房和方案情况；也有自我的分析总结，比如具体丢单日期、客户最终选择的品牌、自我剖析的经验教训，以及判断后期该如何挖掘他们的其他价值。

要求销售顾问填写这些内容，看起来有点烦琐，但面对丢单客户，大家认真梳理是很有必要的。通过梳理，大家理性面对失败，正视服务的全过程。毕竟，竞争是残酷的，不能一味地觉得自己的能力、销售的产品以及店面的效果都是最好的。正视全过程，才能清楚自身有待提升的劣势，才能增强对市场变化和竞争对手的了解。

2. 持续维护丢单客户

即使客户已被列为丢单客户，在后期，店面和个人也不要轻易放弃对他们的维护，只不过应换一种沟通的方式。事实证明，峰回路转的情形并不在少数。后期邀约他们参加店面活动，也极有可能产生小件产品的消费或是转介绍新的客户，选择适合对方的促销信息，进行点对点的推送，比如针对因为价格而丢单的客户，类似于清仓特卖类的活动，就应当将他们作为接收该信息的特定群体。

这份表格带着明显的警醒作用，不断地提醒店面全体员工进行反思，尤其是作为管理者，更要通过它来推动店面的改善。

第二类表格
渠道拓展工作表

关注于进店客户的接待和维护，毋庸置疑，是精细化零售的营销实战中最重要的工作。然而，如今坐商式的零售店面，已经无法满足于市场的竞争趋势。产品即使很好，店面展陈的效果也好，然而有需求的客户却被不断地截流，新进店客户的数量越来越少，因此拓展客户的进店渠道就成为店面经营中的关键工作。

渠道拓展工作自然也需要相应的精细化表格对其进行梳理。笔者推荐的以下两份表格工具，主要从渠道资源维护和客户报备的角度出发，其他更多的细节内容，如具体开展楼盘营销、设计师和异业联盟合作的内容，则在其他章节里具体阐述。

一、渠道资源维护表

渠道资源维护表涵盖所有获客的渠道信息，着重涉及设计师、异业顾问、置业顾问等一切能够为店面转介绍新客户的资源，并细分出需要重点关注的基础信息，比如"渠道资源来源方式""服务费比例""最近报备日期""累计报备客户数量""累计成交客户数量"等。

"跟踪记录"栏内，销售顾问同样采取编辑备注的形式来更新日常的维护信息，所有的维护记录不能删除，它们应当保持延续性，并被完整地保留下来。

1. 反思客户来源方式的短板

表格内的渠道资源来源方式，是为了帮助管理者梳理大家的拓展方式。每个人的社交能力和资源拓展意识有所区别，因此在拓展方式上也必然存在差异，针对短板，管理者应该帮助大家找到改善的途径。比如来源之一是老客户转介绍，通常，只要理由和方法得当，老客户都愿意帮忙，如果这一来源有明显的短板，那就应当反思客户成交后的服务质量。

2. 关注报备客户的日期

店面管理者应当及时掌握各种渠道资源的带单反馈，由此来监督员工对它们的维护力度。管理者在日常梳理这份表格时，要善于发现其中的重要信息，及时做出工作指令。

渠道资源维护表

序号	渠道资源维护人	资源方姓名	联系方式	地址	渠道资源来源方式	经营类别	经营品牌	职务	服务费比例/%	最近报备日期	累计报备客户数量/位	累计进店客户数量/位	累计成交客户数量/位	累计成交金额/元	最近维护更新日期	跟踪记录

试想，一位异业合作伙伴，如果超出两个月都没给销售顾问报备任何客户的信息，其中一个是销售顾问自身的原因，可能店面佣金没有吸引力或是维护力度还不够，管理者应当做出调整；另一个是对方的原因，可能对方最近掌握的客户信息也不多。维护人员不管是去安慰对方，还是去打探消息，都要有一次见面沟通的过程，彼此闲聊时，设法找到帮助对方的机会点。

3. 对比3组累计客户数据

围绕着客户的3组累计数据，分别是"累计报备客户数量""累计进店客户数量""累计成交客户数量"。显而易见，这3组数据是根据客户状态来区分的，彼此之间有着一定的联系。

分别统计这3组数据的详情，对销售顾问而言，有着及时警醒的作用。倘若异业顾问多次向店面报备客户，但是最终成交的客户数量却屈指可数，这种情形一旦过多，势必会影响对方继续报备客户的意愿。对方会联想到是不是彼此客户的品牌匹配度不高，或是销售顾问抓单能力太差，从而浪费了宝贵的客户资源，因此他们极有可能会转身去寻找其他的合作伙伴。

管理者要与维护异业资源的员工一起分析其中的原因，如果是异业顾问向客户铺垫和推荐的过程存在着问题，比如话术有瑕疵，那就为对方组织一套有针对性的推荐话术，还要设法为他们创造出易于推荐的方法。当然，肯定有销售顾问自身的问题，个人衔接这种机会的能力不强，也不排除竞争对手的挖角，导致对方与他人有了合作关系。为了不让自己蒙在鼓里，防患于未然，就应当及时对比这3组数据，然后制订和开展有针对性的措施。

二、渠道客户报备表

使用渠道客户报备表的主要目的有如下几点：

1. 核查渠道客户的信息

表格内对报备的客户信息有最基础的填写要求，"联系方式"比较敏感，有些合作伙伴会有所忌讳，因为他们担心引起客户的不满，甚至会害怕丢掉自己的订单，但是这并不意味着就没有办法解决，可以为对方专门设计出转介绍的话术，或是为对方提供方便转介绍的工具，以促使转介绍的新客户能够接受销售顾问的联系。"楼盘地址"是必须报备的信息，它能衡量合作伙伴对客户的把握程度，也方便店面在后期评判进店客户的有效性。

2. 监督维护报备客户的全过程

表格内延续性备注的跟踪记录，作用就如客户跟踪信息表一样，能帮助管理者监督客户维护的全过程，在面对报备客户迟迟未进店的情况下，也能提前检查具体的维护过程，防止销售顾问消极对待。

3. 防止订单纠纷

实战中，在店面人员比较充足的情况下，店面会有固定且具体的外出排班表，每位销售顾问或是渠道维护人员都应当告别坐店的模式，积极外出寻找有客户资源的合作对象，当然一旦外出，就极有可能失去在店面正常接待新客户的机会。

新进店客户的接待人和资源维护人之间会存在差异，因此填写的"店面接待人"信息，能起到防止店面产生客户归属纠纷的作用。假如遇到上述情形，就可以根据报备表的信息，按照店面制度进行合理的二次分配。

4. 评价合作方的支持力度

即使店面与各个合作方有着频繁的互动，但并不代表就一定能收获到客户。店面往往在开始时会寻找多个合作方，通过合作过程的磨合，再逐渐淘汰掉一批，这种筛选也是对合作方支持力度的评价过程。

"有无陪同进店"通常被用来评价设计师的支持力度。维护得较好的设计师，通常愿意陪同客户进店，甚至会数次陪同进店。由设计师陪同进店的客户对店面和品牌的认可度会高一些，成交的概率也更大，因此，店面应当区别对待能提供较大支持的设计师，对其进行重点维护。

渠道客户报备表

序号	店面维护人	报备渠道	报备人	客户姓名	联系方式	楼盘地址	报备日期	进店日期	有无陪同进店	店面接待人	最近维护更新日期	跟踪记录	备注

5. 作为回馈的依据

对于由渠道获取来的客户订单，自然会涉及回馈。店面在涉及费用时务必谨慎，这是店面对员工负责的表现。表格内"报备日期"与"进店日期"之间的先后顺序，决定着是否给予回馈。一般来说，"报备日期"应当要优先于"进店日期"，极个别情况下，也可以进行补救报备，但店面必须规定相应的申请程序。

第三类表格
老客户信息表

老客户信息表必然是店面重点的销售表格之一，它有助于店面重新认识老客户的价值，更有助于将老客户资源从个人手中转移到店面，换言之，任何离职员工都不能带走老客户资源。它的核心是要求所有人不折不扣地完善表格内容，最终形成店面庞大的老客户资源库。

对于这份表内的老客户信息，销售顾问维护和使用它的角度与客服人员会有所区别，但是，双方与老客户保持不间断的联系，都有一个共同的目的，那就是二次消费和转介绍。

即使维护老客户的重要性不需要像对待新客户一样，但对于管理者来说，检查所有员工维护老客户的频率和方法，尤其是检查备注的维护记录，也是一项需要持续工作的内容。

在笔者的另一本书《精细化零售·内驱式增长》中，有单独的客服营销章节，其中着重提到了客服部门该如何利用这份表格去管理客户信息，以及如何利用它开展针对性的互动活动。

老客户信息表

序号	购买年份	购买店面	客户编码	客户名称	性别	性格特征	客户性质	折扣/%	年龄段	第一次下单日期	最近一次下单日期	送货日期	销售金额/元	送货金额/元	未送货金额/元	下单销售顾问/建立人员	现维护销售顾问	联系方式	详细地址	主要菜系	住房面积/m²	生日	行业	爱好	服务星级	保养记录	投诉记录	维护要求	参加活动记录	转介绍记录	邮箱	备注

第四类表格
驻店设计师工作表

员工单靠能说会道并不能满足店面的用工需求，只有具备综合能力才不至于被淘汰。目前整个家居行业内，懂软装设计的销售顾问不多，懂销售的软装设计师也不多，因此许多店面还会设有驻店设计师的岗位。

驻店设计师存在的价值是为客户提供设计服务：上门量房能增加店面与客户沟通的机会，从而获取客户更多的隐藏信息；专业的设计方案能增强店面的综合竞争力，帮助销售顾问加快订单成交的速度，并能拓宽产品的销售类别，从而提高订单金额。

驻店设计师应与销售顾问相互配合，双方在工作中难免会产生误解，因此就需要磨合的过程。比如销售顾问日常会极力维护与设计师的关系，不然，总感觉对方不会高效配合自己的工作，担心设计方案的效果不能达到客户的期许；或是担心设计师的工作效率过慢，耽误方案的完成时间，导致自己经常被客户催促，最终受到客户的质疑。

设计师也有苦水，他们认为销售顾问并不清楚修图和做方案的工作量，明明自己已经有多位客户在等着量房和做方案，销售顾问又不合时宜地提交了新的设计任务，好像在他们的眼里做方案是件很简单的事情。有些客户不需要设计方案就能成交，销售顾问又何必多此一举？由于销售顾问与客户沟通不畅，反馈的信息不准确，导致不断地修改方案，自己的时间完全不够用。

面对销售顾问和驻店设计师以上的种种心声，管理者自然不能以偏概全，应促使他们之间产生良性的合作，统筹协调好设计任务，这关乎店面的销售业绩。因此，在实战中，通常会使用以下3张表格来管理销售团队和设计师之间的工作衔接。

一、设计服务申请表

<table>
<tr><td colspan="6" align="center">设计服务申请单</td></tr>
<tr><td>所属店面</td><td colspan="2"></td><td>设计师</td><td></td><td>销售顾问</td></tr>
<tr><td>户型面积/m²</td><td colspan="2"></td><td>申请日期</td><td></td><td>量房日期</td></tr>
<tr><td>客户姓名</td><td colspan="2"></td><td>要求出案日期</td><td></td><td>订单预算和实际下单金额/元</td></tr>
<tr><td>客户楼盘</td><td colspan="2"></td><td>实际出案日期</td><td></td><td>下单日期</td></tr>
<tr><td>方案形式</td><td colspan="5">CAD家具布置尺寸图（　）房间　　PPT平面展示方案（　）页
PS单图（　）张　　3D空间展示方案（　）空间</td></tr>
<tr><td>服务内容</td><td colspan="5">售前协助销售测量/售后协助销售尺寸复核/仅出方案/协助洽谈（　）次</td></tr>
<tr><td>产品概况</td><td colspan="2">方案产品主要系列：</td><td colspan="3">成交产品主要系列：</td></tr>
<tr><td>送货日期：</td><td colspan="2"></td><td>店长确认：</td><td colspan="2">设计师确认：</td></tr>
<tr><td colspan="6" align="center">财务核算工资</td></tr>
<tr><td>实际送货金额：</td><td colspan="2"></td><td>该单提点：</td><td colspan="2">公司确认：</td></tr>
</table>

❶ 这份申请表贯穿着整个服务过程，从提出设计方案需求到订单成交，最终到送货结束后的工资核算，因此它是检查设计师工作量、衡量设计师工作价值的工具。

店面通过这份表格合理统筹设计师的工作，设计服务并不完全由销售顾问直接跟设计师进行对接，而是由店面参考订单金额、客户性格、设计师水平等多个因素进行合理分派。这样做能避免设计任务被私下对接，从而降低丢单的风险。

❷ 抛开表格内的基础信息不谈，重要的信息集中在设计服务时间上，有"申请日期""要求出案日期""量房日期"和"实际出案日期"这4个维度。

申请日期与要求出案日期两者之间要有合理的间隔期，毕竟完成好的设计需要一定的工作量。如果时间合理，设计师就应当在要求的时间内完成方案，而不能用其他的理由来搪塞拖延，这样才方便销售顾问与客户对接沟通方案的时间。

填写实际出案的日期，是店面增加的一道管控环节，在仅有一项设计任务时，这种做法显得多此一举；但如果店面有多项设计任务时，就应当重视每项方案的完成时间，这样就能监督设计师的工作效率，避免影响后续的销售进程。

❸ 一方面，并不是所有的客户都必须要有设计方案才能成交；另一方面，

为了成交，也会为同一客户提供多套方案。对于店面而言，每套设计方案都有相应的时间成本。

设计方案的完成时间除了受到户型面积的影响以外，还会受到设计方案形式的影响。申请表内涉及了多种形式，比如CAD尺寸方案、PPT方案、PS图片方案、3D方案等等，每种方案所需要的完成时间也不相同。

实战中，针对同等面积户型的不同方案，笔者通过统计数据，分析出了完成它们的标准时间，并将它作为考量设计师工作效率的标准，以此来加强对设计师工作的监督。

区分设计方案的形式，也能对设计师的所有方案有一个清晰的了解，分析哪一种形式的方案更能引导客户成交，以及方案形式与订单金额之间的关系。

❹ "服务内容"能体现设计师的主要价值，好的设计师应当是优秀的销售顾问，这是店面对设计师的最高期望。诚然，面对多元化的市场环境，设计师不能只坐在电脑前，而要走到台前与客户交流沟通，协助销售顾问促进订单的成交才是重点，所以，精细化零售就要求重视他们的服务内容。

服务是在成交前的现场测量，还是在成交后的尺寸复核？服务是提供了设计方案，还是参与到订单洽谈之中？毕竟，设计师在成交前后提供的服务内容的价值是不一样的。细化服务内容，是为了客观衡量设计师为每一笔订单所付出的努力，只有掌握了具体的服务内容，才能制订出合理的绩效方案。这样的区别对待，也能避免在部门之间，以及在设计师团队内部产生芥蒂。

❺ "产品概括"区分了设计方案与实际成交之间的产品差异，目的是提高店面销售顾问引导客户的能力。一是不能让设计方案与实际成交的产品相差太大，否则就弱化了设计方案的价值；二是尽量避免为同一个客户提供多个方案，这是资源的浪费，也是自身把握客户能力的不足。

二、设计师方案汇总表

这份表格的意义是对设计师每月的设计服务申请表内的内容进行汇总，以便店面管理者能够对全月的设计工作进行系统化的分析，从中总结出有待提升的环节。

设计师方案汇总表

方案店面	客户姓名	电话	楼盘	面积/m²	接案日期	量房日期	计划出案日期	实际出案日期	是否参与沟通方案	与客户沟通方案日期	该方案累计与客户沟通次数	下单日期	方案预算系列和金额	实际下单系列和金额	服务内容（CAD、PPT、3D）	未购买原因

填写要求：后期填写时不分月，次月设计服务明细在此表内依次延续填写。

三、设计师服务满意度评价表

设计师服务满意度评价表

设计师：

销售顾问：

销售顾问评价部分	评价项目	评价内容	评分情况					不满意原因
	设计方案质量	设计方案满意度	5□	4□	3□	2□	1□	
		设计水平满意度	5□	4□	3□	2□	1□	
	设计方案及时性	设计方案是否及时提交至销售顾问	5□	4□	3□	2□	1□	
	服务态度	服务态度满意度	5□	4□	3□	2□	1□	
	总分							

客户信息：

客户评价部分	评价项目	评价内容	评分情况					不满意原因
	设计方案质量	设计方案满意度	5□	4□	3□	2□	1□	
		方案讲解满意度	5□	4□	3□	2□	1□	
	设计方案专业性	设计方案是否专业、全面	5□	4□	3□	2□	1□	
	服务态度	服务态度满意度	5□	4□	3□	2□	1□	
	总分							

满意度评价表能真实反映设计师的设计水平和服务态度，评价分别从销售顾问和客户两个角度出发，对设计师的方案质量、完成及时性、服务态度进行评价。

1. 内部评价

内部评价是销售顾问对方案质量的评价，真实反馈方案的完成时间。这种评价让设计师的工作质量得到有效的监督，为两个部门设定出公平的工作环境。

2. 外部评价

外部评价是客户对方案质量的评价，包含方案讲解，就意味着设计师在完成方案后，还应当有讲解的过程。实战中，存在着"哑巴设计"，即设计师只会做方案，而不会跟客户沟通。设计师"只用一条腿走路"，肯定是不行的，因此店面要鼓励设计师能讲解，会表达。

客户评价内容原则上由客户本人亲自填写，如果遇到客户不方便填写时，也可以交由客服人员根据评价表中的内容对客户进行回访，并根据客户实际表述的内容填写。客户的评价会让设计师认识到自身工作尚待提升的环节，店面通过针对性的培训就能帮助他们改善。

对人事部门来说，这两个评价的得分可以作为设计师绩效考核的一项数据化内容。

第五类表格
客服回访表

针对进店接待、设计服务、送货安装、维修保养、异议处理和参加活动的各类回访的形式有多种，如面谈回访、电话回访和线上问卷回访。在实战中，建议大家根据客户所处的不同阶段来选择具体的回访形式，不管采取何种形式，都必须设置固定的回访内容，也要避免多次打扰客户。

本文着重介绍3份回访表格。

一、初次进店客户回访表

通过回访，监督销售顾问接待客户的每一个环节，让客户最终能感受到店面专业、优质的服务；通过回访，从客户身上获取到服务质量的真实反馈，将有助于店面的自我完善。

初次进店客户回访表			
客户姓名：	联系电话：	初次进店日期：	进店时长：
销售顾问：	回访人：		回访日期：

1. 客户对店面展陈效果的满意度和评价。

    回访反馈信息：

2. 客户对销售顾问热情度的评价。

    回访反馈信息：

3. 客户对销售顾问专业度的评价。

    回访反馈信息：

4. 销售顾问是否鼓励客户体验产品？比如试坐沙发、床垫，感受舒适度，等等。

    回访反馈信息：

5. 销售顾问是否通过提问的方式了解客户的置家理念，从而提供更贴心的建议？

    回访反馈信息：

6. 销售顾问是否向客户介绍品牌或店面的其他特色服务？比如免费量房、免费设计方案、会员服务等。

    回访反馈信息：

7. 销售顾问是否向客户介绍产品保养的基础知识？

    回访反馈信息：

8. 客户是否愿意再次光临店面（是/否，如若不愿意，要追问原因）。

    回访反馈信息：

9. 客户对品牌或店面的其他意见或建议。

    回访反馈信息：

10. 其他回访内容（根据销售顾问的需求而定）。

    回访反馈信息：

1. 检查引导客户体验的意识

客户近距离体验产品是决定能否成交的关键因素，因此店面设置了具体的接待细节，为检查销售顾问是否在接待过程中引导客户体验产品，在回访内容中增加关于此内容的询问。如果只是导游般的介绍，销售顾问并不会在接待中与客户产生有意义的互动。

2. 检验必要话术

正确介绍和解答客户提问的话术有着具体的规范标准，区别于竞争对手的差异化话术更是重点，它们就是店面的优势。销售顾问在接待客户的过程中，应当向对方清晰阐述出这些话术内容，因此这个回访检验的是销售顾问的执行力。

3. 探寻客户二次进店的意愿

询问客户是否愿意再次进店，能帮助销售顾问了解客户离店后的态度。根据客户的反馈，探寻对方二次进店的可能性，从而让销售顾问制订好后期维护客户的方式和节奏。

4. 收集客户建议

为获取客户对产品风格喜好的变化，在回访中，邀请客户对店面的展陈效果提出建议。虽然反馈信息并不能完全说明问题，但至少能给店面带来一些思考，督促店面及时调整和优化展陈产品。

每周梳理和总结所有初次进店客户的回访内容，及时分享给所有的员工，这张表犹如一面镜子，能帮助销售顾问对照出自身有待完善的地方。如此这般的循环反复，店面的经营氛围能逐步优化，综合竞争力也会得到提升。

二、送货客户回访表

能直接接触客户的店面员工，除了销售顾问以外，就是送货安装的员工，他们的服务质量高低也决定着能否为品牌和店面加分，因此店面也要监督送货过程中的服务行为。

送货后的及时回访，一是体现了店面对客户的尊重和重视，二是起到监督送货服务质量的作用。第一时间掌握客户的意见，让对方感受到规范化的服务，加深对品牌和店面的印象。

① 通过回访，让客户评价整个送货过程中的服务细节，比如为了避免送货

送货客户回访表		
客户名称：	联系电话：	送货日期：
送货地址：		
回访人员：	回访形式：电话/现场/线上	回访日期：

送货回访记录	1. 客户对店面送货及时性的评分。若不及时，询问迟到的时长，及有无提前向客户致歉。 　　A: 1分　　B: 2分　　C: 3分　　D: 4分　　E: 5分 2. 客户对送货人员搬运过程的评分。若有不满意，如发生磕碰，须询问严重性。 　　A: 1分　　B: 2分　　C: 3分　　D: 4分　　E: 5分 3. 客户对现场服务标准的评分。送货人员是否戴着白手套，是否在操作现场铺设地毯，是否协助清扫送货现场，有无遗留垃圾。 　　A: 1分　　B: 2分　　C: 3分　　D: 4分　　E: 5分 4. 客户对家具安装的评分。有无安装瑕疵？ 　　A: 1分　　B: 2分　　C: 3分　　D: 4分　　E: 5分 5. 送货人员有无指导客户在使用过程中的注意事项，并邀请客户一起检查产品细节？ 6. 送货人员有无发放产品使用说明书 7. 如果有机会，客户是否愿意参加店面活动？愿意参加何种类型的活动？ 8. 客户是否还有局部产品的补添？若有需求，询问大致产品类别。 9. 客户会向身边的朋友推荐店面吗？ 10. 客户对店面或产品的其他建议。
客户异议及处理记录	客户重点异议： 受理部门：　　　　　　　　　　　受理日期：
客服部门建议	客服部门针对该客户的维护建议：

时间发生延误，回访检查送货人员是否按时抵达现场。事实上，对于完全外包给第三方送货的店面，这种事情时有发生，这将导致客户心生不满，销售顾问处理起来也很被动。

极端情况下，需要送货人员爬楼送货，通过这个回访，促使客户再一次回忆这个艰苦的过程。对品牌和店面来说，客户反馈的这类信息也是一份有价值的客户口碑背书。

❷ 送货安装的过程中难免存在着隐患，比如客户收货后，很快又向销售顾问反馈产品磕碰或是安装不到位的问题。店面为了解决这些问题，就需要安排员工再次上门服务，这无疑会增加成本，一旦处理不好，也极有可能会升级为投诉事件。

为避免后期隐患的发酵，笔者在这份回访表中设定了针对性的回访内容，重点强调了陪同客户一起检验产品的环节，让客户最终确认送货质量和产品状态。发放产品使用说明书，是为了避免客户在后期使用环节中出现问题，也是店面在履行客户告知的义务。

❸ 有价值的信息会助力于销售，回访表内的不少内容也是为了这个目的而设置的，比如客户提出的更多建设性建议、补添局部产品的信息、有意转介绍新客户的信息等等。回访后，及时汇总这些有价值的信息，并分享给相应的销售顾问，方便他们妥善跟踪好这些客户。这就是全员营销，每个岗位上的员工都有意识地获取有助于销售的任何信息。

回访是监督店面服务的过程，它真实反馈出店面在不同环节上对待客户的态度，督促着全体员工高效地执行服务标准，用实际行动践行高质量服务的理念。当然，回访表的最大意义还不仅于此，优秀的店面会把详尽的回访记录转化成客户口碑性质的销售工具，不断宣传，从而收获更多的潜在价值。

三、老客户回访表

老客户的重要性不言而喻，但是随着时间的流逝，店面、销售顾问与老客户之间的联系势必会慢慢减少，关系也会逐步淡化。在此期间，如果遇到有竞争力的品牌强势介入，那部分关系淡化了的老客户就有可能变成对方的新客户。

老客户回访表						
客户姓名:		联系电话:		生日日期:		性格特征:
购买套系:		购买金额:		原销售顾问:		现销售顾问:
保养次数:				异议经过:		

1. 客户对所购产品在使用过程中的意见或建议。

回访反馈信息: _____

2. 以选择两个关键词的方式,询问客户对品牌最深的印象。

回访反馈信息: _____

3. 介绍不定期举办的客户沙龙活动,询问客户愿意接受的沙龙形式。

回访反馈信息: _____

4. 当初了解到品牌或店面的渠道。

回访反馈信息: _____

5. 告知客服热线,并介绍微信公众号的栏目信息,推荐客户关注。

回访反馈信息: _____

6. 询问现销售顾问的维护情况和服务态度。

回访反馈信息: _____

7. 询问售后维修的满意度,以及下一次希望获得家具保养服务的时间段。

回访反馈信息: _____

8. 探寻有无再次购买的可能性。

回访反馈信息: _____

9. 请求客户转介绍其他客户。

回访反馈信息: _____

10. 客户对店面工作的其他意见或建议。

回访反馈信息: _____

回访人: _____   回访日期: _____

回访综述和建议: _____

不要忽视那些没有整套购买的客户，他们当初也购买了其他品牌的产品。在后期的使用过程中，保持着始终如一服务的一方，将能获得客户内心更多的认可和尊重。一旦这些老客户存在复购需求或是转介绍新客户的机会，他们首先就会想到这些品牌和店面。

为了让老客户持续感受到店面对他们的重视，不至于彼此失联，再次联系就显得至关重要，回访是其中的一个措施。店面按照客户的购买年限，依次回访老客户。回访内容以收集建议为主，告知客户真实、与众不同的服务内容，想办法给对方制造一些惊喜。这项工作，建议由客服独立完成。

针对具体的回访内容，笔者解释以下几点：

❶ 向客户询问对于产品印象的内容，如果客户在使用过程中对产品产生的良好印象，深刻的细节转化成客户见证，能被充分使用在后期的销售环节，店面和销售顾问也会因此而收获自信。客户对产品的建议也会对店面展陈和家具研发有着非常大的帮助，它能促使品牌方尽快地响应市场。

❷ 向老客户介绍不定期举办的客户沙龙活动，探寻他们感兴趣的活动类型，以及参加类似活动的意愿度，这可以增强店面与客户的互动。

❸ 向客户介绍公众号的内容，目的是引导客户关注公众号，再将客户对它的期望和建议信息及时反馈给编辑人员，从而优化文章的内容，这也有助于后期向客户推送精准的文章。有心的销售顾问会根据文章的内容，点对点地转发给感兴趣的客户，让客户觉得自己在回访中的每一句话，销售顾问都铭记于心，这种小细节，会让客户感动。

❹ 回访中，也不能忽视对服务的询问。请客户对售后维修和保养服务进行综合评价，遇到不满意的地方，请他们反馈其中的原因，并给予建议。从长远发展的角度来说，客户建议能帮助店面避免再次发生类似的问题，从而获得更多新客户的认可。

❺ 回访人员探寻重复销售的机会，侧面询问客户是否二次置业，是否有新的购买需求，他们的子女是否有购买产品的需求，或能否帮助转介绍新客户。

对店面业绩能产生影响的因素有很多，精细化表格只是其中一小部分，无论表格形式如何，终究还得依靠认真的执行和使用，才会让表格发挥出相应的价值。

精细化零售·实战营销

　　大家在工作中会使用各种各样的表格，对表格也会有自己的认知，笔者也一样。工作之初，笔者认为用表格呈现出来的内容会显得更为直观和真实，于是就设计了许多表格。可是，繁多的表格填写任务会挤压员工的工作时间，大家对于表格和数据也会逐渐麻木；再者，有些表格的内容完全可以互通，为了管理而填写过多的表格，似乎有些得不偿失。工作后期，笔者就逐步减少了表格的数量，本章的12张表格就是化繁为简的结果。

第二章
有效的业绩指导

　　店面有整体的经营数据，销售顾问也有个人的销售数据，所有的数据都是真实和无情的，数据只有被充分利用，才不至于显得那么冰冷。管理者通过对比销售顾问的各项数据，来分析他们各方面的表现，再提供具体的帮扶建议，这个旨在提升员工销售能力的过程，就是业绩指导。

知识点一
业绩指导的意义

销售顾问是店面业绩目标的直接创造者，他们的工作能力和水平直接影响到店面效益。销售顾问通过数据来了解自身各个阶段的状态，管理者通过数据改善销售顾问的薄弱环节，双方共同配合，从而促进个人和店面销售业绩的高效达成。

在完成销售业绩的工作中，会涉及多个环节，每个环节的内容及困难程度也不一样。同时，每位销售顾问自身也存在着性格和能力的差异，用数据来反馈这些差异，会更为真实和客观。

业绩指导是对销售顾问个人工作结果的一种数据化分析过程，这些数据都是完全从店面经营的关键数据中摘取出来的。比如，个人至今的业绩、店面接单率、客单价、各类产品销售比例等数据，由这些内容组合成一份全面的销售数据分析表。在业绩指导的过程中评价每个人的全面性，挖掘出各自的优劣点，并为进行针对性的培训提供重要的依据。

如果业绩指导的方法十分成功，团队成员就会很享受自己的成长过程。当然，员工的需求不尽相同，一些员工可能会需要更多的指导，但是管理者需要让每一位员工都能得到平等的关注和关怀。因此，业绩指导不光只是针对那些表现不太好、需要有所提升的员工，那些表现优秀的员工同样需要，这样他们才愿意继续接受更高层次的挑战，也会相信只要自己继续表现优异，就会收获更多的回报。

销售顾问能不断接受到新的指导，对于员工和店面来说，都是强化自身竞争力的方法。让管理者与销售顾问双方都乐于接受业绩指导这一过程，这是店面在日常经营中要营造出来的积极氛围。必要时，店面可以通过岗位职责来强化业绩指导的规范实施。

知识点二
业绩指导的3张表

业绩指导是一种相对较为固定和正式化的管理和培训措施，是管理者通过规范化的数据表格工具来具体开展的，包括销售顾问销售数据分析表、销售顾问销售趋势统计表、业绩指导面谈记录表这3部分内容，呈现出来的是完全的数据信息。管理者通过与销售顾问一对一交流，分析出每项数据中所蕴涵的问题点，从而制订出具体的提升目标和计划，因此这是一个持续动态化的过程。

一、销售数据分析表

笔者初次接触这份表格时，业绩指导所需要分析的数据仅仅涉及一些基础点，比如表格内的销售顾问全年销售任务的完成比例、本月销售任务的完成比例等。随着市场竞争的日益激烈，销售顾问必须在更多方面做出优秀的表现，在精细化零售的要求下，店面势必要将触角深入到销售顾问细微的表现中。如此这般，才能真正抓住重点，所以，笔者结合实战经验，分解了销售顾问的重点销售动作，重新总结出20项数据内容，由此构成这份销售数据分析表。

这20项数据基本围绕着业绩的达成，涵盖了整个销售服务环节，它们彼此都有关联性，并有一定的逻辑关系。如果想完全根据这20项数据去对销售顾问们做业绩指导，也须谨慎，最好还是根据店面的实际情况、销售团队目前的水平、人员的能力结构，总结出适合自己的销售数据分析表，这样才能聚焦。

使用以下20项数据对员工进行业绩指导时，应当结合店面均值，对比个人的历史数据。业绩指导的关键是发挥出实际且高效的作用，因此管理者从中筛选出重点，并按优先等级进行排序，这样一来，急需提升的几项数据，就能得到优先的关注。

XX销售顾问月销售数据分析表

销售顾问序号	年度计划销售额/元	年到月计划销售额/元	本月计划销售额/元	年到月实际销售额/元	本月实际销售额/元	本月接待客户批次/批	平均接待时长/min	客户留资比例/%	主要来源渠道	接待服务满意度	客户二次进店率/%	待成交客户进店数次	客户购买批次/批	设计服务数据	客单价/元	折扣率/%	实木类销售占比/%	软体类销售占比/%	饰品类销售占比/%	床垫销售占比/%	其他销售占比/%	……
店面平均值																						

❶ 个人业绩的绝对值数据，能一目了然地反馈出销售顾问年度、月度的销售完成情况；个人业绩的指数数据，一方面是个人实际完成业绩与指标之间的占比，能清晰显示出差距，另一方面也可以是个人业绩与店面整体业绩的占比，可以从中了解员工在团队中的表现。

鉴于有不同面积、不同地域和不同情况的店面，因此指数数据较绝对值数据来说，更客观，也更具可比性。

❷ 本月累计接待新客户批次的数据。不用按照客户进店停留的时间来区分有效性，只要属于新进店客户，接待后都要登记，因为业绩指导表的数据就是要反映出客观事实。在排除人为主观判断的因素之后，对于所有员工来说，接待客户的机会是均等的。

❸ 接待新进店客户的平均时长。

❹ 新进店客户的留资比例。

❺ 新进店客户的来源渠道数据。

❻ 新进店客户接待服务满意度。

❼ 新进店客户的二次进店率。

❽ 待成交客户的累计进店次数。

❾ 待成交客户数量。

❿ 本月实际成交客户的设计服务数据。

⓫ 客单价。

⓬ 折扣率。

⓭ 销售产品的细分数据。

⓮ 客户重复购买金额，以及该金额与当月、当季度、当年的业绩占比数据。

⓯ 老客户转介绍成交率。

⓰ 送货准确率。

⓱ 退换货率。

⓲ 发生的投诉数据。

⓳ 个人新增和消化库存数据。

⓴ 日常工作行为表现数据。

二、销售趋势统计表

销售趋势统计表												
	1月	2月	3月	4月	5月	6月	7月	8月	9月	10月	11月	12月
销售额/元												
接待批次/批												
留资率/%												
客单价/元												
……												
店面总计												

这份表格的内容以上一份表格为基础，着重于销售顾问某段时间内表现出来的数据，在员工之间进行对比和排名，除了能找出每位销售顾问的闪光点以进行放大表扬、提升对方的自信心以外，还能从中找到他们之间的能力差距。然而，仅仅这样做是不够的，因为缺乏了对个人销售数据动态变化的关注，便不能纵向比较。况且，1个月的销售数据会受到一些不确定因素的影响，因此持续分析个人多个月份的数据，就显得更加客观和理性。

这份表格就是一面镜子，可以对照出进步与退步的地方，管理者在为销售顾问做具体的业绩指导时，对方就能接受管理者所陈述出来的客观事实，避免产生抵触心理，这也是业绩指导能够被销售顾问认可的关键。只有指导方和被指导方在相互理解和认可的情形下，业绩指导的作用才是高效的和有价值的。

三、业绩指导面谈记录表

业绩指导面谈记录表比较重要，除了管理者需要以外，也是人事部门所需要

业绩指导面谈记录表

销售顾问：　　　　　　入职日期：　　　　　　面谈日期：

（一）数据分析：

项目	个人	店面平均值
销售金额/元		
送货金额/元		
接待批次/批		
接单率/%		
家访成功率/%		
新增客户数量/位		
客单价/元		
实木占比/%		
沙发占比/%		
装饰品占比/%		
窗帘占比/%		
床垫占比/%		
……		

注：数据分析的项目并不固定，可以从"销售顾问月销售数据分析表"中进行选取。

（二）待改进项

内容	改进方案	完成时间	效果评估

销售顾问签字：　　　　　　　　　　日期：

店长签字：　　　　　　　　　　　　日期：

的。对于具体使用，店面应该设定出详细的流程，包括时间以及内容的书写标准，为了方便读者掌握，笔者罗列了以下细节。

❶ 每月三日之前，店面整理完销售数据分析表和销售趋势统计表两份报表中的数据，将每位销售顾问的业绩情况按照业绩指导面谈记录表中的分类方式进行填写，并将其与店面当月的平均数据相比较，找出其优于、近似和劣于店面平均值的项目。

❷ 根据比较结果，对于每个高于店内平均值的项目要在一对一指导过程中进行表扬和鼓励；劣于平均值的项目则要在指导时指出，并选出需要及时改进的内容，将其写入销售指导表格中的"待改进项"部分。

❸ 对于改进方案，应在指导期间通过与被指导者的充分交流，与其达成共识后，在具体指导的过程中，当面写到业绩指导面谈记录表内。

❹ 改进方案中必须要有具体的改进目标，并以SMART法紧扣主题。SMART目标拥有5个构成特质，分别是明确性、可量化性、可达成性、实际性、及时行动性，该内容会在下文细述。

知识点三
业绩指导的五步法

业绩指导是管理者与销售顾问进行一对一面谈业绩表现的工作，为此笔者总结了一些具体的操作方法，供读者参考。

业绩指导以上级主管为主导，店面的其他管理者也可以共同承担，各自分工，分别指导店面员工。这种做法，可以让销售顾问获得更多角度上的指导建议。

为增加双方的重视程度，以一对一正式面谈为主，条件允许的情况下，店面应该对所有的销售顾问每月进行一次一对一的面谈指导。一对一面谈业绩指导并不是上级主管和其他管理者对员工进行指导的全部形式，业绩指导应当贯穿店面的每个角落，出现在店面工作期间的任何时刻。管理者应及时观察销售顾问们的销售表现并进行点评。

除了一对一的形式以外，也可以采取小组会议的形式来指导。若是这种形式，管理者需要在明确会议主题的情况下，针对店面的共性问题做一次全面的集体指导，允许被接受指导的小组全员做出积极的反馈，鼓励他们对表格内的数据内容发表各自的想法。

正式的指导过程要做好记录，每次业绩指导结束之前，指导方和被指导方需在业绩指导面谈记录表中签字，双方各留一份，店面应给予完整保留以备今后的参考和回顾。

业绩指导过程，犹如医生看病一样，管理者和销售顾问双方真正的互动非常重要，但凡有一方保持着戒备的态度，业绩指导就会以失败而告终。产生这种现象的原因，通常是双方互不信任。因此在进行业绩指导时，管理者要把握好节奏，要引导销售顾问们敞开心扉，具体来说有以下的5个步骤。

一、消除对方的负面情绪

对于销售顾问来说，否认指导者知道的事情或许会让他们感到放松和舒服，因此，指导者不应该滔滔不绝，一股脑地说出自己对所有事情的了解。指导者给对方高高在上的感觉会很不友好，这会让被指导者从一开始就否定谈话内容，面谈的氛围会变得凝固。所以，作为指导者所要做的第一件事情就是消除对方的抵触和防御心理，用一种积极、能够表现出愿意并渴望与对方共同探讨的指导方式，消除对方的负面情绪。

二、询问对方的想法

业绩指导是双方的面谈，而不是单方的审判和说教，否则只会让销售顾问感觉到没人会倾听他们的观点，从而产生更强烈的抵触和反抗情绪。指导者应当多用开放式的问题，来促使对方能够讲出自己真实的困惑，否则只会得到片面的答案。流于形式的业绩指导是毫无意义的,指导者应开放自己的思想和耳朵,用心记录他们所表达的内容。

三、一起找出符合对方现有能力的提升目标

业绩指导中,指导者需要制订出符合对方现有能力的提升目标,整体来说脱离不了4个方面的内容:销售顾问持续达到或是超越月度最低的绩效标准、自身销售技能的提升、客户对自身服务满意度的提升、解决问题能力的提高。在填写业绩指导面谈记录表时,没必要使用类似的文字来描述,而应尽量简单易懂,第33页所列出的20项数据就是细化出来的具体目标。

四、分解提升目标

围绕着数据的目标制订得再好,行动方案才是关键,否则只是纸上谈兵。根据提升目标,再次精细化,将其分解成一个个小目标,再制订达成一致的行动方案,这就呼应了前面所提到的SMART目标的5种特质。

大目标都是通过小目标的达成而一步步实现的,管理者在指导时贸然给员工制订出大目标,对方肯定会难以理解或怀疑自己是否能够达成。因此,细化分解大目标的过程,其实就是帮助他们疏导工作压力的过程,也是根据自身的经验帮助对方梳理工作习惯的过程。由此可见,这是一个言传身教的过程。

为帮助理解,举例来说:制订出提高成交率的大目标,那么可以分解成延长接待客户的留店时间、提高留资率、提高二次进店率、提高量房家访比例等若干个小目标。针对延长接待客户留店时间的小目标,就能轻松制订出具体的行动方案,比如锻炼讲解产品和空间的能力。

五、根据实际需求及时修正具体的行动方案

管理者通常认为只要与销售顾问进行了正式的业绩指导后,对方就应当有所

改变，但很多时候却事与愿违，这让管理者很困惑。在笔者看来，这个过程要有所管控和监督，业绩指导也绝不是在双方面谈后就结束的。结合各个目标的行动方案是持续发生的，也有先后顺序和轻重缓急，管理者应当根据实际情况的变化及时修正，这样做至少能传递给他们一个信号，就是管理者并没有疏忽对业绩指导的跟进。

知识点四
有效指导的技巧

一、用"三明治法"进行建设性批评

很多时候，在业绩指导的一开始，指导者通常都希望销售顾问能敞开心扉，但对于那些还没跟自己以这种形式交流过的销售顾问而言，他们有可能会感到担心和害怕，因此指导者需要与每位销售顾问建立起一种合作伙伴关系。

业绩指导刚开始时，指导者应该先说一些表现好的业绩数据，此时，基本上所有的销售顾问都愿意认真倾听，因为表扬的话语最能吸引人。采用这种方法，也是在告诉对方自己是一个公正的人。指导者能够看到大家做得好的地方，也会注意到大家做得不够好的地方，当指导者对这两方面都能看到时，大家会觉得他是一个公正的管理者。

笔者称这样一种方法为"三明治法"，这也是笔者在实战中经常使用的方法。开始时先赞美对方，然后再说出对方有待提升的地方，最后再说点好听的，对其予以表扬和肯定，让对方能看到未来，并抱有积极配合的态度。

二、用分析法评估业绩

销售顾问对指导者所发现的问题怀有抵触情绪，是因为他们觉得自己的做事

方式或是工作习惯让自己很舒服，所以他们看不出自己为什么要去改变。这个时候，指导者就可以使用开放式的问题去引导他们思考。比如，在实战中，笔者通常会这样问他们："您能跟我分享一下，这个方法为什么对您有用呢？"

问题的重点是我们在开展销售工作时，不应该只根据自己的习惯去做，因为习惯有好有坏。销售过程中，会遇到形形色色的客户和各种各样的问题，凭着舒适度去工作是很随性的，这显然并不职业，为了业绩，应当遵循使用最有效果的方法去工作的原则。

在具体的指导中，通常指导的都是导致对方销售业绩不好的因素，所以当他们的销售不太令人满意时，指导的意义就是要为他们指出问题所在。经验告诉我们，如果他们总是依照过去的方法做事，那么他们的收获也永远同过去一样，不会有任何改变，甚至还会形成恶性循环。因此，业绩指导的核心，就是客观分析这些有问题的工作方法，终止和改变它们。

三、用SMART法确定目标

在业绩指导过程中，必然要设立新的目标，目标不能是虚无缥缈的，通俗讲就是要接地气的。因此，对于目标而言，必须确保其能够符合SMART的原理。SMART目标拥有5种特质，分别是明确性、可量化性、可达成性、实际性、及时行动性。

1. 明确性

一个明确的目标比起一个粗略的目标而言，会有更大的机会得以达成。为了确保所设立的目标是一个明确的目标，就应该回答出关于这个目标的"人物、事件、原因、地点和时间"等问题。比如，一个粗略的目标很可能是要求"销售顾问提高下个月的量房家访转换率"，而一个明确的目标则会是"要求对方在下个月之内，家访转换率从20%提升到25%"，目的就是让对方为增加5%的比例而努力，在接待过程中更积极地向新进店客户推荐量房家访服务。

2. 可量化性

目标若无法量化，就无法管理好业绩指导，设立的具体目标应该是能够让人量化的结果。比如，目标是"要求销售顾问在下个月内业绩增长30%"，这是可量化的；反之，目标是"要求对方提高下个月的销售业绩"，这样的内容显然是不可量化的，也不是一个明确具体的目标。量化销售顾问在努力达成目标过程中的每一次进步也很关键，当指导者量化对方的进步时，就不会偏离方向，对方也会因为自己每一次的进步而感到自豪和满足，从而增强自信心。

3. 可达成性

当指导者与销售顾问一起设立了具体的目标时，销售顾问会想办法找到合适的心态、能力以及技巧来达到这一目标。一旦设立的目标远远超出销售顾问的能力，他们发现无法实现，便会变得消极。尽管最开始时，指导者与销售顾问都带着最美好的愿望和最理想的计划，但是目标过于远大的感觉可能会无形地阻止销售顾问全身心投入或是全力以赴。因此，在明确了一个可以不断延伸的方向以后，也需要对目标有一个真实的理解，要一步步地去前行，将目标分解成各阶段的小目标，这样销售顾问才会感觉自己能够达成。一旦实现了一个小目标，在接下来的时间，对方会更加的努力，会尝试更多、更新的方法再次实现新的目标。因此，可达成的目标既是一种客观现实的写照，又是一种内在的驱动力。

4. 实际性

目标要贴近实际，所设立的目标必须是对方愿意达成的，并且是行得通的。对于销售顾问而言，如果他们调整自己的工作习惯，可能就会比现在要做更多的事情，付出更多的工作时间，但是他们愿意吗？想要达成目标，既需要自愿的态度，也需要相应的能力。目标具有实际性，并不代表着目标是简单的，应确保设立的目标是销售顾问可以通过一定的努力而达到的。太艰难的目标只会让销售顾问品尝到失败的苦涩，而太没有挑战性的目标也并不会让销售顾问觉得自己很有能力。

5. 及时行动性

为每一个目标建立一个具体的时间表。如果没有时间表，业绩指导的过程就只是一个形式，而且目标也永远不会被达成。在销售顾问看来，"明天又是全新的一天"，总会有其他机会来达成这个目标。因此，为每一个具体的目标建立一个时间表，时间表会为销售顾问完成目标本身带来一种紧迫感。

四、根据性格特征区别指导

在第五章金牌销售的基本技能部分，笔者给出了测试自身性格特征的工具，销售顾问也应当测试一下，从而了解自己到底属于哪一种类型。作为管理者，当然也要去了解他们，业绩指导是认知和帮扶销售顾问的一个过程，只有在认知了解后，才能区别对待和指导。以下笔者从DESA性格分析的角度来叙述指导方法。

1. 支配型的销售顾问

支配型的销售顾问通常干脆利落、直截了当，他们希望在业绩指导过程中，彼此都能关注焦点，注重于目标导向。所以，一旦指导者穿过了争论的那道防线，下一步就是如何获得认同。在此之后，真正的指导才刚刚开始。他们只是想知道怎样做才能达成目标，所以指导者最好能对自己所要阐述的内容有严谨的思考准备，对行动方案有自我论证，最好还能有鲜活的案例加以佐证。

2. 表现型的销售顾问

面对表现型的销售顾问，在业绩指导中，指导者要保持积极和乐观的态度，切记不要试图驾驭对方。此类销售顾问乐于回答，所以指导者一定要加强自己的倾听能力。比如，即使指导者发现他们接待客户的某些环节还有提升空间，也要先肯定对方接待过程中做的好的环节，然后再听取对方的阐述，使用提问的方式，逐步将话题引导到需要指导的地方去。这种方法会让他们有更多的反思机会，从而与指导者一起寻找到提升的目标，即使这个目标是指导者早已准备好的。

3. 可靠型的销售顾问

可靠型的销售顾问比较靠谱，也易于接受指导者的指导，具体指导的时间也许会长一些，但务必要给对方足够的时间，而且要尽量围绕着他们所认同的话题来开展指导。可靠型的销售顾问希望能够确保将客户的需求摆在第一位，所以当指导者在对他们提出建议时，要记得遵循这一点。比如提出改善对方专业能力的建议，从而为他们的客户提供更大的价值。

4. 分析型的销售顾问

分析型的销售顾问思维比较缜密，对数据非常敏感，而且他们对业绩指导事先会有所准备。所以，对于指导者来说，指导内容要落到实处，不能务虚。在指导的过程中，最好使用具体的案例来帮助顺利开展。由于他们也非常注重过程和实效，因此指导对方提升的计划和方法一定要符合逻辑，并且要能将目标按照上述的方法逐一分解成一个个具体的行动步骤。切记抓住关键点，并且系统性也是有必要的，指导内容不要过于分散。

五、榜样典型及情景演练

不管销售顾问是何种类型的性格特征，指导者一定要指导他们勇于尝试一些不同于以往的新思路、新习惯和新方法。为达成这一目标，最有效的方法是将希望他们所采用的行为或是技巧示以榜样典型。

优秀的管理者都是从商战中拼杀出来的，想要赢得销售在顾问的认可和信任，就需要亲身示范，亲自在店面与客户沟通时，让销售顾问们在现场观摩学习。管理者也可以安排销售顾问们去观察团队中业绩较好，或是在某些具体环节中表现得比较好的同事，去学习其他人是如何做到的，再定期向他们收集学习后的自我认知和改善措施。由此可见，业绩指导绝不是在双方面谈后就结束的，而是结合目标的行动方案，是持续发生的行为。

为了促进达成指导的效果，店面可以通过情景演练的方式来强化练习。比如，为了达到延长接待客户时长的效果，要求被指导的销售顾问每周向管理者提交一份接待客户全过程的录音，双方一起回听，并记录下总结，然后再次录音和回听、总结，如此反复循环，实战的情景演练会加快销售顾问达成目标的速度。

综上所述，在业绩指导的具体过程中，对销售顾问采取的观察、分析与指导是3个相关联的行为，它们都是管理者在实战中经常运用的动作。业绩指导的内容源于不断地观察销售顾问的工作习惯和分析他们的成绩。成功的销售顾问通常也是能够从管理者及店面优秀者那里获得最高效指导的一群人。

管理者与销售顾问双方只有乐于接受业绩指导这一过程，及时地回顾结果，才能取得进步和成功。因此，管理者要将自己拉回到整个业绩指导流程的最开始，再一次检查销售顾问的行为，看看他们的工作方法改变了吗？是不是真正接受了新的想法？还是仍然固守着自己熟悉的一切，尽管那些方法早已没有了效果，却仍然不愿意改变？看看他们是否对提升业绩的关键环节，已经有了更好的表现？

我们处在一个不断发展的行业当中，响应潮流趋势和满足不断变化的需求是非常重要的。美国最大的家具制造商伊森艾伦的凯斯瓦瑞先生经常说的一句话是："如果你不是在工作，那么你应该就是在培训。"这句话的意思是：如果你没有在应对某位客户或是在处理某张订单，那么你就应该参与到一些能够提升自身能力的活动中去，无论是学习产品知识、设计知识、销售技巧，还是接受优秀者的指导。

销售顾问总能不断地接受指导，无论是对于个人还是店面，这都是提高竞争力的一种方法。

第三章
日常经营的基础

晨会能促进员工之间的交流,标准化的站位和接待能调整员工的工作状态,巡店是持续维护店容的一个重要手段,它们的共同点是强调对各种细节的关注。

精细化零售·实战营销

经营基础一
从晨会就开始战斗

每日晨会是店面工作时间的分水岭,是提升团队战斗力的有效方法。一些店面没有召开晨会的习惯,这导致一些重要信息得不到及时的传递,无法做到上情下达。有的店面即使有召开晨会的习惯,但缺乏重视,经常有员工迟到、缺席;或是晨会本身并无实际的内容,会议气氛凝重;再如参会员工不做准备,只是人参加了,而思想却不在晨会现场。这些都是浪费员工感情和时间的失败晨会,现在,我们来重新审视一下晨会。

一、晨会对管理者的帮助

晨会应当成为管理者与员工正式沟通的场合。虽然与员工的单独沟通很重要,但那样做会给他们带来压力;而在晨会上,员工各自汇报工作计划和目标,相对会轻松一些,能减少管理者与员工彼此之间的对立。因为这是在全员面前的汇报,每个人汇报的工作内容会被大家监督,这样就能促使他们认真对待。

带有仪式感的晨会,能为员工带来一天的好心情和自信心。每位员工都希望展现自己并得到认可。晨会上,管理者公开表扬员工得体的仪容仪表、详尽的工作内容、有价值的分享等等,得到表扬的员工在这一天里会有良好的心情,他的工作效率也会因此而提高,长此以往更会潜移默化地增强自信心,这对销售工作非常有帮助。

晨会更是管理者通过自身去引导和指导员工工作的场合。利用晨会可以将需要传达和沟通的内容公开化。对于店面的个性问题,应思考是否能将它们转变成共性问题,通过晨会集中处理,以减少管理成本。管理者因为需要认真准备晨会,所以自身就要增加对日常工作的思考,长期锻炼,个人的管理能力也会逐步提升。

二、晨会对员工的帮助

销售顾问通过晨会向店面提出自身的诉求,让管理者或其他部门充分重视,促使他们在工作上有更好的衔接,从而获取更多的帮助。需要注意的是,诉求的内容不能融入个人的主观判断,语言要得体,避免将晨会变成批斗会。店面在面对员工诉求时的态度,能反馈出店面整体的管理风格和思维模式。在处理具体事务的实效性上,也能判断出店面的发展前景。如果遇到不接地气、遇事推诿、不以客户为中心的店面,销售顾问自然就要审视目前身处的工作环境。

员工在晨会上可以为提升店面业绩积极地献计献策,贡献自己的力量,因此,晨会能锻炼员工的思考和演说能力。员工在晨会上的表达,如果能不断获得店面的认可和指导,那么他们也能完善自身的工作方法和思维模式,逐渐增强独立思考的能力,所以晨会是一个学习成功者的场合。只要有心,员工就能利用晨会表现出自己最优秀的一面,大家要坚信热衷于思考和表达的员工,在团队里获得晋升的机会会更多一些。

总之,晨会是一种仪式,将大家从早晨赶路的匆匆忙忙中,迅速拉入到工作的状态中。没有晨会,员工进入工作状态的时间点是不一样的,晨会就是这个分水岭。晨会只有在不断坚持召开后,大家才会发现它的价值,以及能为自己带来的帮助,因此,不要对晨会怀有抵触情绪。

三、如何开好晨会

晨会作为店面每天要做的第一件事,所有员工都应当在整理好仪容仪表后,以饱满的精神准时参加。晨会上应杜绝讨论各种非公开性的信息,大家一起致力于将它打造成高效、有责任感的沟通平台,唤起每个人高度的注意力,并满足各自在工作中的需求。

① 晨会不是管理者一个人的事情,而是店面所有员工的事情,大家都应当认真对待。管理者应为晨会带来更正式且明确的期望值,并以身作则坚持每

天召开。参会员工应当对店面的业绩进展和自身绩效有着高度的重视，并且都带着思考参会。晨会主持人要善于收集各种有价值的信息，并在晨会上充分传达。

❷ 为强调店面员工之间的团结意识，在岗员工都应当参加晨会，即使后平台员工的工作地点不在店面，仍要定期参加店面的晨会。这是后平台员工们一次巡店的过程，能体现出他们对店面的重视，还能与店面保持适时的沟通。

❸ 晨会的时间一般应定在早晨打卡后的5分钟开始。留给员工5分钟的时间，用来整理仪容仪表，小的细节能体现出店面的人性化。

❹ 如果参会员工数量较少，可以采取围圈的队形召开晨会；人数较多，就可分成两排，大家面对面平行站位。这样确保每位员工之间基本都能有眼神的交流，还可以互相监督仪容仪表，这就是借力管理。但是平行站位时，员工之间互相戒备的心理比较重，因此店面要设法营造出轻松的氛围。如果晨会主持人是员工，管理者也应当入列队形参加晨会，体现出人人平等的原则，弱化管理者在晨会中的管理地位，实现平等交流。

总之，好的晨会氛围遵循着快乐工作的原则，强调正能量的鼓励，而减少批评和说教。不能让晨会的氛围日渐沉闷，了无生趣。成功的晨会，每位员工都愿意积极、准时参加，大家都在关注着自己当日确切的工作计划，并渴望学习和分享接收到的新信息、新知识。

四、晨会的流程

❶ 主持人点名，了解员工的到岗情况，告知大家未到岗信息，此时其他同事就能知道未到岗员工的动向。这种方式能帮助店面解决迟到现象，全员监督比管理者监督更为有效。

❷ 主持人安排大家互相检查仪容仪表，当大家都在关注仪容仪表时，员工的整体形象自然也能提升。赞美得体的同事，让对方在全员面前获得认可。对于店面而言，这是一个管理动作，而对于参会员工而言，这是一个展示自我的舞台。

③ 主持人叙述并表扬上一个工作日中员工的优秀案例，即使没有案例，也可以表扬员工的日常行为。店面常常有一些默默付出的员工，发现并认可他们的点滴付出，对他们来说会有被认可的欣慰感，也能鼓励其他员工向其学习。

④ 各位员工汇报当日工作计划，每个人都能通过汇报了解彼此工作的具体内容，对于各位汇报者来说这是一种鞭策。个人养成良好的工作习惯，需要合理的计划和有效的监督。

⑤ 管理者阐述店面当天的工作重点，内容不要超出3点。利用晨会简明扼要地传达店面最新的信息，确保每位员工都能知悉，这个环节要控制好时间。

⑥ 组织需要通过晨会沟通事务的员工进行发言，他们可以提出改善建议，也可以提出希望获取他人帮助的内容。

⑦ 主持人宣布晨会结束，随后在管理者的带领下全员巡店。此时大家应携带保洁工具，依照店面标准化维护内容，检巡各个经营空间。

正常的晨会，若是按照以上流程来召开的话，除去巡店，其他环节的总时长应控制在10分钟以内。另外建议店面适当增加一些互动环节，一种是娱乐游戏，以此来调动员工的积极情绪，使大家能够感到愉快和放松；另一种是学习和分享，提升团队的自我学习意识，如果所有员工都有所学习和思考，这样的团队战斗值将会爆表。

五、关于晨会备忘录

晨会备忘录的作用，其一是记录店面的当日重点工作，店面对它保持持续的关注；其二是记录员工之间互动的内容、员工建议及心得分享，这些内容可以为店面带来新的经营思考和行动计划。

晨会备忘的内容虽然看起来平淡无奇，一天也看不出来能有什么作用，但只要坚持记录，从简单的细节里总能提炼出一些有利于提升店面销售的具体方法，如此循环反复，才能提升店面竞争力。创新，很大一部分就是来自最基层的员工。

经营基础二
站位和接待

为确保销售顾问获得公平的机会，店面必须规范站位和接待标准。为避免站位纠纷，应实行轮序接待的方式，并使用站位登记表来管理。虽然独立店和店中店的进店客流量有所不同，站位和接待标准也会有所区别，但两者之间仍然有着不少相通的地方。以下内容笔者从独立店的角度来阐述，店中店可从中灵活摘取来使用。

一、站位标准

为避免因为站位顺序而发生争抢、挑选客户的现象，店面自营业起，应按照销售顾问的签到时间，依次轮序站位接待客户。站位时销售顾问不允许空手，而应携带销售工具，随时关注店门是否有客户接近。

销售顾问在接待客户后，待岗同事应迅速补位，并在站位表内登记起始时间。若接待客户未离开店面，不允许重新站位或接待下一位客户，特殊情形下除外。

避免发生越位待客的情形，待岗的销售顾问不允许私自接待新客户，除非店面客流量达到充分饱和；更不允许私自在店面拦截其他同事正在接待的客户，如有特殊情况可向店面管理者申请。

二、接待客户的标准

❶ 当客户接近店面时，销售顾问应主动上前，微笑相迎，杜绝以貌取人或冷落客户。在店面碰到其他客户，无论其是否有同事陪同，均须示以微笑，并礼貌问好。

❷ 介绍产品时，销售顾问应清晰地说明产品特点，并确保与事实相符，不得超出标准范围，避免夸大和胡乱承诺，更不要诋毁其他品牌。对客户提出的

产品弊端，须客观讲解，不回避，不隐瞒，不争辩；客户提出的疑问若无法回答，可礼貌告知，待了解后再回答。若须指引产品方向，须五指并拢。销售顾问应主动邀请客户体验产品，注意观察客户的喜好，并根据对方的实际需求重点推荐意向产品。

③ 销售顾问应熟知并主动介绍产品的品牌文化、售后服务标准和特色服务内容。应当积极维护折扣体系，不得作出任何未经许可的超范围的口头或书面承诺。

④ 在接待中，销售顾问应主动询问客户的信息并记录；向客户索要联系方式的次数不应当少于3次。

⑤ 客户进入洽谈区，销售顾问应为客户拉开座椅，客户落座后应立刻递送茶水，并注意及时续水。洽谈时，保持中等语速，语气亲切。洽谈区应备有充足的销售工具，以便及时满足销售所需。

⑥ 客户表示要离店时，销售顾问应邀请客户扫码关注品牌或店面微信公众号，同时用双手将产品宣传资料和名片递到客户手中，并用最简短且易于记忆的词汇介绍自己。最后务必礼送客户至大门外，目送其离开。

⑦ 客户离店后的一个小时内，销售顾问应给客户发送感谢信息。信息内容按照店面统一的模板执行，并用简短的落款再次介绍自己，让客户加深印象。

⑧ 完成所有接待环节后，销售顾问应迅速复位产品，清理洽谈区域的桌面。接待的不管是新客户还是老客户，均须及时填写进店客户登记表。表格的具体内容可根据自身实际情况进行设计。

经营基础三
日常巡店

经历过多年的实战后，笔者认为巡店是每位家具人必备的基本技能。为此，笔者总结和提炼了实战中的巡店经验，整理了家具零售行业的巡店标准和流程，应当是非常实用的工作指导手册。巡店标准和流程的重点就是店面标准化维护的内容,笔者分别从视觉、听觉、嗅觉、味觉以及触觉这5个维度上梳理出巡店中的各个细节。

店面标准化维护的具体内容在笔者的另一书《精细化零售·内驱式增长》中有着重的介绍,然而只有书面的标准是不够的,管理者及每位员工都应该掌握最基本的巡店技能。店面日常巡店时间分为营业的前、中、后3段。在这3个时间段内,巡店人员、巡店内容和巡店细节的要求也是不一样的。

一、营业前的巡店

营业前的巡店有现场办公的味道,店面当天在岗人员在参加完晨会后,在管理者的带领下一起巡店。

管理者借助巡店,一是跟员工讲解房间细节或是自己对产品的理解;二是让员工仔细检查店面的硬件设施和展陈产品的状态,如果发现瑕疵,此时管理者就应及时处理;三是所有员工在巡店过程中,大家能一起分析店面目前展陈的产品组合,互相讨论房间是否已经达到最优的展陈效果,如果还未达到,哪些产品需要尽快销售,哪些产品又需要尽快补充,这时就应交由他们讨论并做出决定,这是最基础的全员营销意识。

二、营业中的巡店

营业中,在客户选购产品时,肯定有体验的过程,那就会有家具挪动,所以在客户离店后,接待的销售顾问需要及时巡店、复位家具。比如,将餐椅复位成标准距离,将沙发坐垫复位成标准状态,将客户遗留下来的饮食垃圾收拾干净,等等。这是一种持续性的行为,每位员工都应当养成巡店习惯。

营业中,除了销售顾问需要巡店以外,管理者和二线部门的员工也应当定时巡店,这是近距离接触店面的工作。当然,除了复位产品以外,他们的巡店还必须参照店面标准化维护的内容。

三、营业后的巡店

营业后的巡店，主要是店面员工检查一下当天店面的产品出入情况，及时确认好产品的调拨手续，以及店面的设施设备是否断电，确保无安全隐患。

四、巡店细节

究竟该如何巡店呢？店面标准化维护是一项系统性工作，本小节着重于巡店的动作，为了更直观地介绍巡店细节，笔者选择视觉维度中的几个重点来说明。

1. 店面硬装维护标准

首先须确保店面硬装符合最新的品牌方硬装标准，在此基础上，维护好所有的硬装细节，如墙体颜色无色差、无裂纹，墙纸无破损和脱落，墙面无遗留的铁钉和钉眼、无污渍痕迹等。

2. 店面家具维护标准

确保房间组展陈产品的完整性，避免缺失。确保所有家具的外观无明显划痕，无物理结构的瑕疵。展陈家具不应紧贴墙体，家具与家具应留有一定的间距。

家具任何可触摸到的地方，以及视线可及范围内无灰尘。柜体、抽屉内干净整洁，且无杂物。若柜体类家具内部有灯泡，须确保明亮。咖啡桌距离沙发边缘的宽度至少保留行走距离，且位于沙发的中心线上。

沙发坐垫和抱枕松软饱满，多人位的坐垫与沙发靠背紧贴吻合，并各自保持在同一水平线上，所有抱枕的拉链须在底部，核心抱枕位于沙发正中间。

3. 店面饰品维护标准

不同种类的饰品，维护标准也不一样。店面每盏台灯和吊灯须确保明亮，遇有灯泡损坏须及时更换。灯罩确保干净整洁、端正，接缝处不能迎向客户的视线，台灯的多余电线应当妥善缠绕，尽量避免外露。

装饰画、装饰镜应居中于主体家具上方，不能倾斜。窗帘定期熨烫，不能出现明显皱褶，确保拉开的距离保持对称。地毯边缘不能卷起，线绒型边缘须定期梳整，避免凌乱。店面使用的绿植须确保健康，无枯萎枝叶，更应避免绿植枝蔓缠绕或遮挡家具。使用的装饰书籍应确保打开，内页色彩和人物形象符合房间氛围。

所有饰品应保持洁净。确保任意可触摸到的地方，以及客户视线可及范围内无灰尘，尤为要注意细节位置，比如灯罩内侧、灯泡边缘、盒状饰品内部、摆件底部、玻璃镜面、装饰花器的花卉和绿植枝叶。

4. 价格标签维护标准

店面价签描述的产品型号、材质、尺寸、价格、产地信息须确保与实际展陈产品吻合，准确无误。若涉及进口电子类产品，须有中文标识的内容，并确保该电子产品符合国家3C认证，统一描述成装饰品（XX产品）。

所有家具和饰品的价签尽量避免手写，店中店使用商场的标准模板，独立店使用品牌方的标准模板。

家具价签统一整齐摆放，避免出现在客户的即视范围内，从而影响产品自身效果。台卡式价签不要呈一字形摆放，悬挂式价签须固定在指定位置并确保所有挂线的高度相等。饰品使用小巧精致型的粘贴价签，依据饰品种类分别粘贴在不醒目的位置，如装饰画和摆件的价签粘贴在底部，台灯价签粘贴在灯罩内侧。

以上简单的巡店细节标准，是店面标准化维护的视觉部分内容，实战中，店面还有更多需要针对性巡检的维度，比如嗅觉、听觉、味觉、触觉等方面，这里不做过多的赘述。读者可以在本章详述的内容中寻找方法，并在日常巡店的过程中进行锻炼。

总之，带着一双善于发现的眼睛，将自己更多的工作时间放在店面当中，自然就会掌握到更多的巡店技巧。

第四章
客户报备和订单归属

提升店面销售业绩有许多关键环节,就精细化而言,与业绩相关的两个关键环节不能忽视,一是客户报备,二是订单归属。

经营的过程中，店面会遇到各种订单纠纷，销售顾问多少都会带着情绪找管理者倾诉和评理，管理者自然就需要面对这些"官司"。如果管理者的经验不够丰富，处理起来就会有困难，还有些管理者自身就对某些员工有偏爱，所以在毫无意识的情况下，做出了厚此薄彼的处理决定，这样一来，轻则影响团队的士气和氛围，重则导致员工离职以及助长店面的不良风气。

此时，管理者该怎么办呢？有人选择让大家自己协商解决——然而这绝不等于希望团队内部建立起"私下的规则"，因为"私下的规则"里的解决方案可能与店面的原则相违背。从店面的角度来看，这不仅仅是一张订单的事情，处理得好，能对后面的订单纠纷具有参考作用，更能引导团队朝着合作共赢、良性竞争的方向发展。

因此，店面必须建立起"官方规则"，针对可能出现的每一种纠纷情形，都应有详细的说明和评断标准，一旦纠纷出现，大家按照"官方规则"解决，而不至于升级到需要管理者来处理。

比如，销售顾问对维护老客户有所顾虑，担心老客户推荐的新客户进店，有可能被其他同事接待到并最终成交。在维护渠道资源以及外出深挖楼盘时，他们也有同样的担心。如果处理这种情形的规则源自员工们的私下讨论，那就有可能受到内部"意见领袖"的影响，但凡这部分的员工有所偏颇，规则就会出现偏差，其他员工的积极性就会受到影响。

店面制定的"官方规则"，用于指导员工处理各种订单的纠纷。对于销售顾问而言，"官方规则"能够真正保护自己的合理利益，他们只有在心无旁骛时，才会发挥出最大的能量。不管怎样，销售顾问都要坚信付出总会有收获，自身拓宽客户的来源渠道，增强销售技能，才是业绩保障的根本。

本章就着重介绍这套完整、务实的方法，它由两部分内容组成，分别是客户报备和订单归属。这些内容都是笔者从众多订单纠纷案例中总结出来的，它们最大的特点是以事实为准则。

针对不同类型的订单纠纷，店面应有着清晰且详细的判定依据，一旦发生纠纷，销售顾问自己就能有章可循，彼此能根据这些要点来解除疑惑，而不至于需要升级到交由管理者来处理。

关键环节一
客户报备的细节

销售顾问为保护自己的订单，需要及时向店面报备接待到的新客户，店面接收到报备信息后，就能掌握他们手中的客户情况，从而减少客户信息被故意隐瞒的情况。店面最担忧的事情，就是大家对客户信息的不重视，从而导致丢单。有了报备客户的数量信息，还能轻松预判出一段时间内的订单业绩，所以这也是一种借力于团队的管理手段。

为了实现完整、有效的客户报备，利用辅助的客户报备表格必不可少，在本书第一章有列举类似的表格来说明，读者可以翻阅参考。

一、判断客户的有效性

新客户进店后，销售顾问应接待并填写客户信息登记表，当天将客户信息及时报备给管理者。假如当天遗漏报备，后期进行补报时，管理者应以补报时间为准，并通过站位登记表来核查该客户的实际进店日期。

管理者根据客户跟踪信息表进行查重处理，若发现确无该客户的报备信息，就可以将其视为有效客户；倘若已有他人接待并报备，则根据客户保护期的规定，做出有效或无效的评判。

二、设定合理的客户保护期

对于有效的报备客户，店面给予报备者一段期限的保护。在保护期内，报备者即使对报备客户没有任何后续的跟踪维护，该客户仍然属于对方，其他销售顾问没有接待和跟踪该客户的资格。

倘若超出保护期，报备者对于客户又没有开展有效的跟踪维护，那么该客户就归入店面的客户"公海"，任何销售顾问都有权拥有该客户资源，只要接待到，就会成为新的客户拥有者。因此，销售顾问需要在客户保护期限内，积极跟踪和维护报备客户，这种做法可以鞭策大家努力去做好客户的跟踪，否则自己就浪费了初次接待时的付出。对于店面来说，这是管控客户资源的方法，毕竟店面不允许把客户握在个人手中，却毫无进展。

对于保护期的时间长短，店面应当根据楼盘情况区别对待，比如根据精装、毛坯两种不同类型的楼盘，结合具体的交付时间来合理设定。实战中，对于半年后才能拿房的客户，店面可以适当延长保护期，从而放缓跟踪节奏，避免节奏过快、过密，反而引起客户的反感。

三、规定报备的客户信息

对于报备客户的基本信息，店面应当有所规定。需要注意的是，报备进店客户与报备渠道拓展客户的基本信息会有所区别。进店客户的报备信息应该更全面，严格规定必要的信息，如客户姓名、联系方式、楼盘、接待日期和接待时长。

客户信息在后期会随着与客户沟通频率的增加而更加全面，因此报备者可以逐步添加其他信息，比如意向系列、预算金额、报出的折扣、预计能下单的折扣和时间等等。注意，折扣信息是一个前置证据，为规避后期因为折扣异议而产生订单纠纷，它能在特定情形下起到决定性的作用。

四、接受有效的申诉

任何人在店面都必须遵循品牌和店面形象至上的原则，比如销售顾问遇到自己报备的客户正在被其他同事接待，即使此客户仍处于保护期内，也不应私自上前询问和争抢客户，而应在第一时间向管理者出示自己的客户跟踪表，根据维护客户的备注记录，进行合理的申诉。

倘若客户处于保护期内，或者虽然超出了保护期，但有证据显示自己对客户仍然进行着有效的维护，那么管理者就应将该客户归还给该销售顾问，但必须要求其反思维护客户的全过程，督促其完善维护客户的手段。

后期未经报备者的允许，其他销售顾问无权跟踪该客户，若继续私自跟踪，即使成交，也要归还订单。除非双方协商好订单的分配比例，报备者同意其他销售顾问继续跟踪客户，但这种情况必须上报管理者，因为店面务必确保这个决定是出于双方的真实意愿，而且合理公平。

五、界定有效维护

有效维护的重点是针对超出保护期的有效维护情形。不管报备客户是否进店，对于超出保护期的报备客户，店面对报备者的要求只有一点：通过有效维护，才能保护自身的客户所有权，否则客户会归入店面的客户"公海"。

如何界定有效维护？实战中，通常需要参考多方面的情况。最为直观的是报备者已经为客户提供了上门量房服务，并邀约客户再一次进店；还有一些并不直观，比如打通了客户电话，与客户保持微信互动。有效维护的界定则是要看客户在互动中是否有所回应，是否向报备者告知了更多的信息，等等。

客户跟踪信息表可以反馈出销售顾问维护客户的全过程，其中与有效维护相关联的就是被记录下来的跟踪内容。表格规范统一使用插入备注的方式来记录维护过程，保留所有的维护信息，不能删除，这部分内容将作为界定有效维护的关键信息。

针对有效维护的界定，店面可以组织全体销售顾问进行讨论，大家一起总结出适合自身店面及产品消费特点的参考因素。

六、报备客户进店后的信息交接

销售顾问接待完他人报备的客户后，当日内应当与报备者交接信息，介绍客户进店交流的详情，并必须在个人的工作日志内进行汇报，不能故意隐瞒。出于对店面利益和团队氛围的维护，如果后接待者故意隐瞒信息，从而影响到报备者继续维护客户，店面可以采取相应的处罚措施。处罚措施的作用，其一是防止客户资源被浪费；其二是对后接待者的惩戒。假如在后期，即使该客户仍处于有效保护期内，但客户却要求后接待者继续服务，那么工作日志所汇报的内容就能作为评判订单归属的依据之一。

七、规定渠道客户进店信息的报备

销售顾问会在店面接待到来源于渠道拓展的客户。如果是自己外出拓展渠道介绍的客户进店，然而自己并没有接待到，显然会很可惜。店面本着鼓励员工走出去的态度，理应为大家消除这种顾虑，不能有失公允，因此在渠道客户报备方面，要有一定的保护措施。

鉴于渠道客户来源的特殊性，信息并不详尽，通常有个楼盘和联系方式就很不错了，所以对于渠道客户的报备信息，填写要求可以放宽一些。或许接待者并不能报备客户的联系方式，但至少应当报备客户的姓名和楼盘地址。

最极端的情形，就是无法报备出任何信息，那么维护渠道资源的员工就需要借助渠道资源维护表来进行报备，或进行后期申诉。因为，在表格里有着与渠道资源方互动交流的内容，如果想争取到订单权益，在这些内容里最好有请求对方介绍客户的体现。

八、规定来电客户的报备

店面座机的使用率越来越低，然而店面在开展外场营销活动时，以及在微信公众号的文章内，还是会留下店面的座机号码。从精细化零售的角度出发，店面也应该对来电客户的归属做好管理。

如果座机在站位区域附近，新客户咨询的电话就应交由站位的销售顾问接听。在接听时，销售顾问应当向客户进行自我介绍。客户后期进店时指定由接听者接待，那么无论其当时是否处于站位，都有权接待。倘若客户没有指定接待者，则视为全新客户，由当时的站位员工负责接待。

接听者接完客户的电话后，必须在店面记录表上登记客户的来电信息，包括来电号码和姓名，这样有助于店面监督客户资源，不至于浪费客户。

店面应使用客户报备的手段来控制订单纠纷的源头，正面引导这个棘手的问题，将其转化成一种积极竞争的手段，促使销售顾问之间形成你争我赶的良性竞争局面，从而达成店面和销售顾问个人的共赢。

关键环节二
订单纠纷的处理

订单纠纷的本质就是业绩和提成分配的纠纷，每个人都是凡夫俗子，谁又能真正做到不在乎利益呢？因此，店面不要轻易站在道德制高点上，去要求员工具备高格局的无私心理，但是，一些合理的规则仍是需要制定的。

首先，所有员工一定要维护好品牌形象，遵守店面至上的原则，这是店面的红线。其次，鼓励员工内部互相理解和包容合作，虽然店面需要建立起良性竞争的氛围，但并不代表着员工彼此不能合作，毕竟员工之间的能力具有互补性。

订单纠纷的处理规则对所有人来说都是公平的，同一种纠纷，每个人都会遇到角色互换后的情形，所以店面应当引导大家用同理心去对待纠纷，互相理解。有温度的团队才能走得更远。

客户报备能从源头上控制住一些订单纠纷的产生，然而在实战中，还会有更多的情形发生，该如何精细化对待呢？下面的内容将结合几种情况详细解答。

一、客户对原接待者心存不满

客户对接待者心存不满，明确提出不需要对方继续跟踪。此时，店面应当安排第三方向客户求证，询问并分析客户不满意的具体原因后，重新安排他人维护。

倘若客户最终成交，店面应根据不满的原因来确定订单分配比例。导致客户不满意的原因，或许并不是因为接待者的服务态度不好或是专业技能不够，而是客户对销售折扣不满，觉得接待者并没有为他争取更多的优惠。假使店面安排他人接待后，最终因加大了优惠而成交，那么店面在分配比例时就要兼顾原接待者的情绪。

显然，即使在面对同一种情形时，店面在确定分配比例时也应当结合具体原因，区别对待。

二、客户成交后才发现订单纠纷

在客户成交前就发生的订单纠纷，可以依据客户报备来处理。但往往还会有另一种情形：客户成交前，原接待者并未发现自己的客户被其他人员跟踪，而是在成交后，甚至是过了一段时间后才醒悟过来。

处理这种情形的订单纠纷，店面要设定成交订单的最长追溯期，超出期限，就无权申诉。只有在追溯期内发现，才有申诉资格并有获得订单分配的权利，这样就能警醒所有员工及时维护客户。鉴于维护客户的频率是影响成交的重要因素，因此笔者建议不要设定过长的追溯期。

如申诉处于追溯期内，管理者应首先在客户报备表中核查报备信息。如果无报备，申诉者就无权申诉；如果有报备，管理者就要检查申诉者客户跟踪信息表中所备注记录的维护详情。为避免异议，最好能与申诉者一起查看。最后再根据双方接待次数、接待总时长、客户的意向和成交系列、成交折扣、促进成交等关键信息，确定双方都能认可的订单分配比例。

在此过程中，管理者必须引导申诉者反思一些问题：为什么不知道该客户再次进店？为什么现在才掌握到客户已成交的信息？在跟踪表中是如何描述客户购买状态的？之后又是如何具体跟踪的？

三、老客户复购的订单分配

不少店面或是销售顾问本人，会与老客户逐渐失去联系，这值得警醒。实战中，笔者在店面会强调真正的狼性，其中有一点，就是鼓励销售顾问去抢夺市场上其他品牌的老客户！

一些老客户曾经是属于你的，也认可你的产品，当这群人重新产生需求时，却没有来找你，无疑他们被其他人给抢走了。解决这个困境的方法，就是要持续不断地与他们有所互动，而不是各自相忘于江湖，因此店面对待老客户重新购买产品时，不能一味沿用老的思路，理所当然地将老客户交由当初成交的销售顾问来签单，而要根据不同情况来区别对待，这里就必须结合维护老客户的要求。

面对众多的老客户，销售顾问如何进行区别化维护？最近一次维护的时间以及沟通的内容是什么？这些答案反馈了维护老客户的全过程，所以理应及时进行备注。作为管理者，也应当重点掌握这些信息，因为它们就是评判老客户复购订单归属的参考依据。

如果当初成交的销售顾问对某位老客户在相当长的一段时间里不闻不问，当客户再次进店购买产品时，恰巧又不是对方接待的，而是由他人接待并完成了签单。试想，他为什么没能掌握到这位老客户有复购需求的信息呢？这张订单应该算给他吗？反思的过程，能帮助大家提炼出处理这种纠纷的方法。

老客户重新购买与转介绍新客户的情形较为相似，因此可以举一反三地处理此类纠纷。

四、无法主动联系客户的订单归属

不少情形下，销售顾问无法获取进店客户的联系方式，尤其是店中店，这种状况更为常见。除非客户后期再次进店，愿意指名道姓地找原接待者，否则他就有失去客户的风险。

店面的客流登记表和当天的工作日志可以帮助销售顾问来追溯客户和订单，虽然表格和日志上没有客户的核心信息，但也能记录下客户进店后的所有表现，包括个人特征、形象谈吐、产品喜好，必要时也可以拍照。只要在后期得知这位客户签单，这些信息都可以帮助销售顾问争取到应得的利益。

五、离职员工的客户交接

离职销售顾问的客户，有成交的老客户，也有未成交的长期跟踪客户，他们都有可能在后期购买产品，由此带来的订单纠纷也不会少，因此店面首先要做好离职员工客户的分配。

不管客户是处于成交还是未成交的状态，都不允许员工在私下交接，而应由管理者根据店面的客户分配原则，交接给适合跟进的销售顾问来维护，当然为避免店面的暗箱操作，务必告知全员具体的分配缘由。

当这部分客户进店购买产品时，如果出现订单纠纷，也完全可以参照上面所述的各种纠纷情形来处理。

以上梳理的内容，虽然都源自实战，然而并不能涵盖所有的纠纷情形。现实中，还有更多不同情形下的订单纠纷，店面想要妥善处理，唯有与团队坦诚相待，本着为员工服务的初衷，尽可能营造出一个公平、公正、公开的竞争氛围，那么，店面任何的处理决定，都会得到员工的理解和支持。

第五章
金牌销售的基本技能

　　低频销售、高单值的家具,与快销品不同,客户进店并不会立刻购买,而是需要销售顾问通过不断的跟踪、邀约客户重复进店洽谈,才能成交。但是,这个过程中存在着不少的变数,客户心中的天平容易发生倾斜,因此,销售顾问就要提升自身影响客户选择的技能。这里讲的技能并不等同于技巧,因为它们能轻松地被复制使用!

基本技能一
高质量的初次接待

为什么客户离开店面后，对销售顾问的态度会改变？为什么后期跟踪客户时销售顾问会感到很累？其中一个重要原因是销售顾问在初次接待他们时，就没有产生良好的效果。

一、慎重判断初次接待客户的意向

大部分新客户对品牌和产品的了解都来自闲逛，在未进店之前，或许根本不知道品牌，也不了解产品，因此店面与销售顾问留给他们的第一印象很关键。

客户进店前对店面的印象，是由品牌形象，比如外立面、大门、店招等因素决定的。走进店面后，则完全依赖于产品和销售顾问的表现，产品不能挑选客户，但是展陈效果却要能打动客户。

对于销售顾问来说，不应该凭着客户外表来判断对方的购买意向和购买力。大家都明白家具商场里没有闲逛的人，来到某一楼层的客户，他们肯定有着明确的风格喜好。销售顾问要格外珍惜每一位新进店的客户，自我判断并擅自下结论的思维模式，会逐渐把那些自认为"看似不像购买的人"从一开始就排除在意向客户的群体之外。

实战中，笔者经常会引导销售顾问多问问自己："客户为什么在逛到我们店门口时就进店了呢？"说不定这位客户就是由老客户转介绍而来的。只要这么想，销售顾问们就会稍稍放松，接待过程也会变得自然，这是从心理上拉近自己与客户之间的距离，也是给自己的积极暗示。

试想当你走进一家店面时，进店的瞬间就感受到店面销售顾问的漠然，你还会主动去跟对方说话吗？客户的感觉通常都是敏锐的，只要我们的眼神或言语中流露出一点点"这个人不像是要购买我们产品"的猜测时，客户总能神奇地感觉到。这就是客户自带的第六感，它源自客户的自我保护意识，因为他们有所担忧和怀疑！况且，即使客户内心对某件产品很喜欢，他也绝不会轻易地表露出来。

假使在初次接待时，给对方留下了一个良好的印象，那就有可能赢得客户再次进店的机会，为此，销售顾问需要熟知初次接待客户的细节。

二、初次接待客户的5个细节

1. 注重与客户眼神的交流

每个人对自己感兴趣的事物，都喜欢用眼睛去观察，相反，对于那些毫无兴趣的事物则会不屑一顾，尤其是对自己不想理会的人，要么尽量避免对视，要么根本就不看对方。因为只要有了目光的交流，就不能无视对方的存在。对于客户而言，他们也能理解，销售顾问在店面，每天接触到许多客户，难免会带着"专业"的目光来审视客户。客户也一样，他们为了挑选心仪的产品，去过许多店面，并接触了许多销售顾问，自身也会有视觉和身体上的疲惫。此时双方如果在眼神上有友好的对视，就能拉近心理上的距离。

眼睛是心灵的窗户，眼神对视需要练习，无论处于什么状态，首先销售顾问的眼神一定要正视客户，而不是侧视。其次眼神里要有内容，让对方能感受到自己珍惜和对方的相遇。千万不要因为自身日常事务的繁杂，生活的不顺心，让自己的眼神中带着厌烦和怒气，这样会让客户避而远之。

《洛神赋》里写道"明眸善睐"，说的是用明亮的眼睛看人，眼睛的魅力不仅在明眸，更在善睐。显然，明亮的眼神比有一双美丽的眼睛更重要，该如何练习眼神呢？

❶ 改掉用额头发力的坏习惯，学会用眼眶发力。

❷ 定睛聚光，练出眼神的"神气"。眼睛盯住远方的一点，越小越好，两

眼集中精力紧盯一点,不可眨眼。坚持练习就能改善眼神涣散、不聚光的问题。

❸ 眼睛聚光有气场,练习眼球的灵活性则会更使眼神灵动,头不动,眼珠向上翻到极点,然后顺时针方向极力转9圈,再逆时针转9圈。

2. 用有意义的问候语开场

可以在"欢迎光临"的后面加上一段精心设计的话术,没有硬性的规定,避免简单的机械重复就可以。这句问候语往往会拉近销售顾问与客户之间的距离。比如,在"欢迎光临XX店面"的店面前加上含有店面独有特点的前缀,这种积极的心理暗示能加深留给客户的印象。

当然,也可以在"欢迎光临"的后面,尽情创造出能充分体现自己个性的惯用话术,以促使客户能更好地了解自己、记住自己,在下一次沟通时,不至于出现尴尬和唐突的局面。

3. 留意与客户之间的距离

具有亲和力的销售顾问,在接待客户时,会留意到对方的自我保护意识,从而不会过分刻意地表现,这是对客户的尊重。销售顾问也的确需要与客户保持一定距离,才能有空间凸显出自己的专业力。这样做,既保护了自己,又能赢得对方的尊重,从而有利于推进销售动作。因为销售顾问在这个行业里有着不错的经验,并能切实地帮助到客户,不管是不是这样,至少要让对方有这样的意识,所以,金牌销售都会把握好与客户的距离。

亲和力强的销售顾问通常具备两个共同点:首先是充满着热情,他们时刻面带微笑,能让客户感觉到放松,因为在他们身上,体会不到一丝强买强卖的压迫感;其次是能积极敞开心怀,谦虚友善,态度诚恳,对人真诚,这样客户才会乐意主动接近他们,并接受他们的服务。

人际关系中,双方保持什么样的距离是一件微妙的事情。在尚未建立一定的信赖关系之前,销售顾问与客户保持一定的距离是有必要的。

客户是不会拒绝专家的,一方面专业力能够赢得客户的尊重感,服务客户并不意味着卑躬屈膝。所谓专业，无疑意味着"特别的""专门的"，因此，销售顾问应当树立自己的专家形象。另一方面站在客户角度来看，客户初次进店后也会想着与销售顾问保持距离，留有隐私。此时只有依靠专业力，才能说服客户接受销售顾问的产品建议和服务。

只有比客户更专业，才敢在客户面前说出不同的意见，唯唯诺诺建立起的关系型销售，其实就是因为自己不够专业、不够自信。笔者观察过多位销售冠军的成交过程，他们的共性是不会一味地附和客户的想法，更多的是会引导客户去选择产品。总之，客户更希望从专业的销售顾问手上购买产品，因为这样可以为他们带来更多的价值。

4. 敢于面对说"不"的客户

不少客户，初次进店时通常面无表情，对销售顾问的问候语也毫无反应，只顾自己看，更不愿意开口交流。面对这种情况时，首先要做到两个"不要"，其次要使用三个关键方法。

两个"不要"：不要显得过于热情。对于面无表情的客户，过分的热情会增强对方的戒备心理；不要使用带有强烈推销感的话术，减少对方的心理抵触。总之，不要让客户察觉出强烈的企图心。

接待此类客户的三个关键方法：第一，留出一定的时间让客户自行浏览产品。客户进店时，如果表情冷漠，以适度的话术迎宾，不要立刻就迎上去问东问西。根据店面面积，让客户自行浏览几个房间，与对方保持2~3米的距离，注意不要刻意盯着客户，可以在旁边整理产品，缓和一下气氛。

第二，观察客户的动作细节，从产品的卖点介入进来。当客户停留在某个产品前，或者走到某件特殊产品的附近时，销售顾问可以走近，开始介绍产品的卖点，并演示具体的功能。

第三，给出专业的建议。当销售顾问介绍完产品的卖点或独特之处时，如果客户没有反感，就切换到关于自身的话术，介绍自己的能力和经验，可以为对方提供建议，并告诉对方不管是否购买，自己都愿意为他提供帮助。有了互动，每次给予建议之后，就可以由浅入深地提问，引导客户与自己交流。

5. 提高客户的留资率

销售顾问在接待进店客户时，要想办法留下对方的联系方式。

① 先取得进店客户的信任，再索要联系方式就容易一些。在接待中，要设计出一些能让客户信任自己的环节。比如，当客户问了一个问题，这一定是对方最为担心的地方。销售顾问不能只是简单地解答，而要能比对方想得更加彻底和深远，这样才能让客户对自己产生兴趣和信任感。在回答问题后，就可以跟客户索要联系方式。

② 打消客户的担忧。客户留下联系方式，最为担忧的是个人信息的泄露，之后会受到频繁的打扰，所以许多销售话术里都会强调并不会打扰对方。除了这些，还得告诉客户在留下联系方式后能够获得的好处。

③ 不少于3次向客户索要联系方式。千万别等到送客户出门时才想起来跟对方索要联系方式，而应在接待过程中就有这样的尝试。如果是跟对方要电话号码，最好的办法是把笔自然地递给客户，自己把本子铺好，请客户在本子上写下电话号码，许多案例也证实了让客户手写比口述联系方式更容易。

对于零售店面而言，这是一个"两分钟的世界"，客户在进门后的两分钟内，就已经对店面和销售顾问有所判断了。因此，对于销售顾问而言，有一分钟时间来展示自己，另外一分钟要让客户信任并接受自己，只有在两分钟里给对方留下良好的印象，销售顾问才有可能更好地开展接下来的销售工作。

基本技能二
展示自身形象

请记住一点，你在他人面前展现出来的形象，就是你给别人留下来的印象！金牌销售总是时刻塑造着自身优秀的形象，并在不断地提升。

一、提升仪容仪表

"相由心生",销售顾问相貌上的打扮要招人喜欢。在个人的仪容仪表、行为举止、讲话思维等方面,销售顾问随时都要以一位金牌销售顾问的标准来要求自己,从心底里认可和赞美自己。

对于家居销售顾问来说,职业有独特性,这是一份与艺术、时尚打交道的工作,所以应穿着能展现自己风采和个性并且能让自己感到自信的衣服。

每个人都有优点,优点可以让自己在举手投足之间流露出自信心。大家尝试着列举出自己的优点,比如爱笑、亲切、记忆力好等等。学会发现自己的优点,并相信这是自己的财富。

二、塑造鲜活形象

人生有所追求,才能不断丰富自己的灵魂!想要追求销售业绩的提升,就要不断地丰富自己,做一个鲜活的人。对于家居销售顾问而言,还要从书籍、电影中吸收关于生活方式和家具文化的知识,从时装中了解每年的色彩流行趋势。

努力让新客户相信并认可自己,让老客户欣赏自己,这都需要销售顾问做一个善良、真诚、不做作的人。对客户而言,优秀的销售顾问犹如一位朋友,在生活的某些方面与自己有所共鸣。新老客户会从销售顾问的微信朋友圈里去了解他们,朋友圈就是助力销售顾问飞翔的那片羽毛,因此为了珍惜客户,更要慎重地维护好自己在微信里的形象。

三、成为行业专家

行业是超出产品高度的,成为行业专家可以获取客户的信任和尊重,对维护客户和成交订单有着积极的帮助。销售顾问应不断地学习,除了产品知识以外,还有其他相关知识。横向的是与家具临近领域内的知识,如装修建材、风格、空间布局、软装色彩等；纵向的是家具深度知识，如设计软件、材质、制作过程等。掌握知识后，还要训练自己对专业细节的敏感度，通过刻意使用，将自己打造成客户面前的行业专家。

四、向客户推销自己

有了差异化的形象，就应当积极地展示出来，这也是重要的技能。不要以为在初次接待客户时，互加微信好友就够了，还要通过精心设计的话术把自己的特点、擅长的风格、对家居的理解，甚至是毕业的专业院校、工作年限、做过的成功案例等，一起介绍给对方，让他们记住自己。避免客户只记住了产品，却没能记住自己，所以销售顾问不能局限在产品介绍上，这也诠释了"想要销售产品，先要销售自己"的道理。

作为家居销售顾问，应当设计自己的名片，在名片里融入一些与家居相关的元素。在店面展示自己的获奖证书或奖杯，为自己背书，在接待客户的过程中，并不需要刻意去介绍，在路过它们时，跟客户自然地说一声，具体话术不能简单，而应是精心设计的，也是最能体现出自己形象的。这就是在潜移默化地向客户推销自己，让对方觉得自己很真实、很优秀。

基本技能三
捕捉敏感话题

在接待和维护客户的过程中，销售顾问有时候会发现自己与对方似乎就要聊不下去了，尤其是遇到性格强势的客户，根本就找不到能够让对方感兴趣的话题。这时，就要聊些能引起客户兴趣的话题，如果销售顾问所说的，完全不是客户感兴趣的，那么何谈销售呢？

对于需要购买家具的客户而言，除了家具以外他们还有另一个感兴趣的共同话题，那就是楼盘！

一、通过各种渠道了解楼盘

大家目前会通过哪些渠道来了解楼盘？首先想到的肯定是网络渠道，比如房天下、新浪乐居、搜房网、House365、业主论坛、楼盘微信公众号等等。通过日常的培训，就要学会浏览有关楼盘的文章，分析和总结出有价值的信息，用这个过程来提升自己的市场敏感度，挖掘自己成为金牌销售的潜力。

除了网络渠道，还有线下渠道，比如从设计公司和异业，以及从进店客户身上来了解楼盘。销售顾问在接待客户的过程中，要带着搜索重点楼盘信息的意识，尤其是近一段时间内进店客户比较多的楼盘以及存在着团购可能性的楼盘。与此同时，店面还应当建立起信息交流的机制，利用晨会、夕会做到楼盘信息的全员共享。

二、了解楼盘的具体信息

通过各种渠道去了解楼盘时，究竟该了解楼盘的哪些具体信息呢？笔者认为，一种是显性信息，一种是隐性信息。这两种类型信息的侧重点不一，价值和使用方式也有所区别。

1. 显性信息

显性信息是常态化的，也是最基础的，比如楼盘类型、均价和总价、总户数、交付标准，以及楼盘目前所处阶段，这些信息能帮助销售顾问及时更新跟踪客户的方法，以便做到最精准、最有效地服务客户。比如精装交付楼盘的客户决策快，受干扰系数低，适合快速成交，所以初次接待的功课要做足，跟踪力度要加大。毛坯交付楼盘的客户成交慢，他们需要考虑方方面面的情况，因此，在跟踪时，销售顾问甚至还要想办法去对接其他资源，比如设计师和异业。

2. 隐性信息

仅仅了解以上那些简单明了的信息是不够的，作为金牌销售，还需要仔细收集更多的隐性信息，比如户型和样板间，并挖掘出其背后的特殊利用价值。

① 户型信息当然是销售顾问要去了解的，但这里所说的户型，可不是简单的户型面积、房间数量，而是户型里大、小房间的布局和朝向，以及绝大部分业主对这些房间的规划方案。

比如针对某种户型，销售顾问能给予客户最佳的搭配建议，并配有详细的理由。客户会感到惊讶，心里会想到销售顾问比他自己还要了解这套户型，因此就会联想到销售顾问的专业。相信在此之后，双方的话题自然不会少。

大家通常使用的是电子版户型图，但笔者建议打印出来，在接待客户时，拿着纸质户型图与客户交流，会显得自己干练和专业，还方便与客户一起坐下来交流。

当你用户型图作为工具帮助自己销售时，对手却只是在介绍产品；当对手拿着户型图跟客户交流时，你却早已给了客户具体的解决方案。显然，你的销售效率要比对手高很多，成交速度自然也会比对手快一步，这就是金牌销售技能的精髓之一，即快速响应并推动客户往前走。

金牌销售都很重视对户型图的隐性信息的掌握，当然这也不能闭门造车，而应尽量从各种渠道中搜集，比如去浏览业主论坛和专业网站里的楼盘点评，看看大家是如何讨论户型和房间规划的，把这些内容记录下来，逐一分析。

② 样板间会有多种形式，最能直击业主内心的当属地产官方样板间。业主在买房时，看到样板间的效果，会有先入为主的印象，自然能清楚记得样板间的风格和家具款式。

销售顾问在接待和跟踪楼盘业主时，为了能跟对方聊一下样板间这个令人感兴趣的话题，也必然是要去了解它的。最尴尬的是，当客户希望跟销售顾问聊聊样板间的家具风格时，销售顾问却不清楚，很显然并不能帮助到客户，那双方如何继续呢？避重就轻地糊弄过去是种方法，但有可能付出丢单的代价。

网络上肯定有样板间的图片，但建议销售顾问亲自去现场看看整体格局、每个房间的优势和局限性，以及最佳的布置方式。只有自己去过样板间现场，亲身感受了以后，销售顾问与客户交流的内容才会更具体，给出的建议才会更令客户认可。

所谓"知己知彼，百战不殆"，除了这些，销售顾问还要深入挖掘出业主对样板间的评价。

三、利用周边楼盘的对比信息

为方便购房者选择适合自己的楼盘，房地产网站会有楼盘对比的界面，点击某个楼盘，网页上就会显示出其周边的楼盘，以及它们之间的对比信息。围绕着不同的对比细节，两个楼盘之间总会有各自的优缺点。金牌销售顾问在接待楼盘业主客户时应利用好这些信息。

赞美是世界上最动听的语言，笔者鼓励销售顾问勇于赞美客户选择了最正确的楼盘。比如与客户聊天时，不经意地赞美客户所购楼盘的升值空间很大，甚至是具体的绿化率比附近另一楼盘要好，用这些细小的对比来佐证自己的赞美。当客户听完，愉悦之余会觉得销售顾问比自己还要懂得这个楼盘，会潜移默化地联想到销售顾问的专业力。这样一来，双方就不会缺少聊天的内容。可见，这是一种最值得使用的方法。

当然，销售顾问或许也会遇到上述那个被用来做对比楼盘的业主，那该怎样赞美呢？任何楼盘都不会一无是处，只要销售顾问细心，总能找到它的优点。房产网站里有"楼盘点评"的界面，会更加细化，比如物业成熟、交通方便，甚至还有评价楼盘外立面颜色大气的描述，这些优势都有人已经为销售顾问准备好了，只要搜集好信息，做好功课，练到张口就来，这也是金牌销售顾问的看家本领之一。

想要获得客户的认可和信任，靠所谓的技巧会越来越难，而应当站在客户角度去思考精准的话术和方法。

基本技能四
渗透性提问

销售顾问接待和维护客户时，双方的沟通必不可少。沟通看起来就是一问一答，然而如何以正确的方式去问答，正是金牌销售沟通技能的关键。

如果销售顾问想要得到客户的一个想法，要么直接发问，要么就通过几个问题来渐渐引出答案，所以问题需要设计。同样，销售顾问回答客户的问题，也是有方法的。但切记，不能有过于明显的套路或过于大众化的话术。客户在销售顾问和竞争对手那里，得到的都是类似的答案，没有差异化的新意，他们会想究竟该信任谁呢？

针对问与答，建议销售顾问做好以下两方面工作。

第一，用心收集和总结客户提出的问题，并回想一下自己是如何回答的，反思有没有更好的回答方式，有没有比竞争对手更好的答案。总结得够多，再次面对客户的提问时，应对起来就会得心应手，而且还能从客户的问题中找到自己想要的信息。

第二，准备自己的问题库，不断增加各种问题点，及时学习和总结，因为妥善提问对于销售过程很关键。好的销售是都是"问出来的"，金牌销售都会有自己的问题库，因为一切答案都在客户那里。客户说得越多，证明他越在乎这个品牌或者销售顾问。

改善以上工作的具体办法就是录下自己与客户的对话过程，养成习惯，不断地录不断地听。对于记录下来的各种信息，不断地看不断地研究，完善后再循环反复地练习。

问对问题，就能以最快的速度抓住对方的真实需求，这里不需要技巧，需要的是可以复制和模仿的提问技能。

一、做到善于提问

如果在销售对话中,销售顾问一直在介绍、回答,而没有提问,就无法得知客户真正关心的是什么?影响客户决定的主要问题在哪里?导游般的介绍,给客户带来灌输式推销的感觉,对方会因此产生心理压力,进而产生逃避和销售顾问继续交流的想法。客户之所以愿意和销售顾问交流,是期望可以在他那里听到专业的建议,而不是唠叨。所以在销售过程中,要让客户多说话!

如果接待的是一位喜欢探究的客户,销售顾问不善于提问,只是一味地回答,自己势必会处于被动的弱势地位。为了改变这种状况,当客户提出一个异议问题时,销售顾问应当化被动为主动,在讲完一段话术后,紧接着使用开放式的问题来反问。比如,"您是怎么想到的?""您觉得这个建议怎么样?""您觉得这样合适吗?",等等。客户一般不会拒绝回答这样的问题,这样客户就有了多说话的机会。

当客户没有完全听明白的时候,会表现出沉默不语或是迟疑不决,各种借口就会出现。比如,客户会说:"我还要再考虑考虑。"此时,可以通过提问来探究客户的接受程度。比如,"您还有什么担忧呢?""您为什么会有这样的担忧呢?"上面这些案例,都是能够获取有效信息的渗透性提问。

二、渗透性提问的方法

封闭式的问题会使客户处于被动地位,压抑客户表达的积极性,有可能会导致冷场,所以渗透性提问的关键是尽量使用开放式的问题,具体有3种类型。

第一种是激发出客户兴趣的好奇性提问,比如,"您知道水性油漆为什么环保吗?""您知道我们的家具为什么相对而言偏贵吗?"

第二种是加深痛点的刺激性提问,比如,"为什么实木材质对您而言很重要呢?"

第三种是为获取深层信息的扩展性提问,比如,"您为什么会这样认为呢?"

渗透性提问没有深奥技巧，销售顾问自己组织各种问题，在实战中坚持使用就可以，金牌销售就是这样做的。下面是几个渗透性提问的案例。

① "您是如何了解到我们店的？"这是为了寻找有可能的沟通切入点，与客户由浅入深地开展对话，也能了解客户对品牌和店面的认知度。

② 如果客户是一个人进店，适当提问："选家具的过程还是比较纠结的，家人没一起出来看看啊？"运气好的话，能探寻到真正的购买决策者。

③ 询问房屋的装修进度、空间布局思路，或是针对某个装修环节的处理方式，比如："您新房的供暖方式是如何处理的？"以此来判断客户的购买力，并提前展现自己的专业形象。

④ 询问客户在目前居住的房子里，因为产品不合理因素导致的问题和不便，比如，"您对老房子里的那套家具满意吗？用了多久？"或者是"您在使用老房子里的家具后，觉得还有哪些需要完善的地方？"客户的答案里就有购买需求和具体的痛点内容。

⑤ 如果想要探究客户对风格方面的主观决策意见，那么可以用与过去比较的方式来提问，比如，"您现在使用的是什么品牌的家具？是什么风格？"对比前后风格的区别，分辨出客户产生不同风格需求的出发点。

⑥ 围绕着设计感、款式、功能、材质、环保等几个产品要素，向客户提问哪个要素是客户最为看重的。客户的答案不会是唯一的，但是，在听到回答后，要能立刻深挖其中的缘由。比如客户说自己对环保很看重，那接下来提问："您说家具的环保性特别重要，您为什么特别看重这个问题呢？"这种问题实际上是在挖掘客户的核心需求，放大他在这个问题上的关注点。

⑦ 经过与客户一段时间的沟通后，直接询问客户对店面产品的印象。如果印象不好，就继续询问其中的原因，以局外人的身份告诉客户家具属于长期消费品，需要多看多比较，不要被第一印象迷惑，并为客户下次进店埋下伏笔。

不管如何提问，终极目的是要试探出影响客户购买的正向原因和反向原因。正向原因是客户希望产品给自己带来的好处，比如产品的品牌价值、舒适感受、性价比等；反向原因是客户希望消除和规避的痛点，比如不环保、破损等。金牌销售会紧紧围绕着这两个方向来设计自己的渗透性提问。

记住，能提问的就尽量少说！

三、过渡问题的方法

金牌销售通过上面3种渗透性的提问来拉近自己与客户的距离，并凸显自身的专业力。使用好它们的前提是自己根据目的，设计好提问的内容和顺序，以及预判客户的回答，将问题自然过渡到自己想要表达的内容上去，这样才能让提问产生效果。

① 先摆正姿态，从简单的问题开始，逐渐深入，别一开始就问晕了客户。深层次的问题还要建立在双方的初步接触和了解的基础上。

② 销售顾问一旦就某个专业问题与客户达成了共识，就要过渡到重点的价格问题。比如询问客户："如果价格合适，您觉得我们的产品怎么样？"价格问题就是在暗示对方不要再纠缠于产品的细节，另外的目的就是发出成交的信号，引导客户做出成交的决定。

③ 价格问题还可以让客户对销售顾问的行为做出相应的反馈。很多销售顾问不敢询问客户对产品的评价，认为客户如果给出一个不好的评价，就会丧失成交的机会。其实不管怎么样，都要跟客户要一个结果反馈，因为如果客户真的不满意，即使他嘴上不说，他一样可以选择离开。

基本技能五
延展性回答

回答客户的任何问题，都是一次表现产品和自己的机会，具体回答的方式，也有封闭式回答和开放式回答两种。封闭式回答是无趣的，固化的内容没有延伸性，犹如一道屏障，让对方失去深入交流的兴趣。因此，金牌销售总是能为答案做好铺垫，然后采取延展话题的形式，将它转换成表现的机会。比如客户询问有深色的产品吗？金牌销售在回答有的同时，会反问对方偏好深色产品的原因。这是一种比较简单的模式，如果只有这样简单机械的反问，会给客户造成在"打太极"或是"抬杠"的错觉，最终产生误解，因此大家应当深入了解一下回答问题的技巧。

一、回答问题的模式

不管是与客户面对面，还是在电话和微信里，回答客户的提问时，是有具体模式的，最常用的就是延展性回答。延展性回答，通常是在回答问题后，增加延展性的内容，紧接着使用图片或视频进行佐证，以加深客户对产品的认可度。以下是几组对比案例。

案例一 客户问："材料都一样，怎么你家的东西比别家贵？"

> 一般性回答："是贵一些，但我们产品使用的材料和其他品牌是不一样。买东西不能只看价格，还要看产品的材质、做工和设计，我也了解，其实价格也没差多少。"
>
> 延展性回答："是的，您真的很细心，观察得这么仔细。您说的那家品牌有些产品采用的材质确实与我们的大同小异，主要的差别在服务和售后上。家具类产品大多数属于半成品消费，您买回去之后，商家的送货安装、售后服务就很重要，我们在这一点上就做得很好。而且我们是老牌子了，质量是绝对有保障的。您可以看一下……（主动延展到售后服务优势）"随后，发送佐证工人高质量送货、安装和保养服务的照片。

案例二　客户问:"你们肯定说自己的东西好,对吧?"

一般性回答:"当然了,我们的产品一直就做得很好!"

延展性回答:"您有这种顾虑我完全可以理解。不过请您放心,这个品牌已经XX年了,我们店在这个地方已经开了XX年了,我们的生意主要就是靠老客户的口碑宣传,产品本身质量绝对够硬,我们绝对不会拿自己的信誉去冒险的,也一定会用可靠的质量来获得您的信任,这一点我很有信心,因为……(主动延展到产品材质、款式优势)"随后,发送佐证材料。

案例三　客户问:"我知道XX牌子,但怎么没怎么听说过你们家呢?"

一般性回答:"我们也是大品牌,但品牌大也不一定可信。"

延展性回答:"XX确实是个不错的品牌,在品牌推广方面也比我们做得到位,一直都是我们学习的对象。您觉得他家什么地方比较吸引您呢?(探寻对方优势点,不管是否等到客户的回复,继续向自身优势的方向延展)其实我们品牌在这方面做得也是非常好的,而且我们的产品在……(主动延展的方向)方面是很有优势的。比如……(其他延展内容)。这样,我给您发一些老客户用了我们家产品后的效果图,您先看看。"随后,发送佐证材料。

现在，我们来总结一下延展性回答模式的逻辑：

认可客户→使用销售属性的回答来解释→主动延展内容→发送佐证内容。

二、销售属性的回答语言

掌握了回答问题的模式，具体的表达方式也有一定的要求。同样的话，用不同的方式讲出来，给不同的人听，效果会不一样。会讲话，会说销售语言的销售顾问，他们的业绩自然不会差。

比如，客户认为产品的交货期过于漫长，询问其中原因，具体的回答自然是按照延展性模式。交期长的问题是不能回避的，这时就需要使用销售属性的回答语言来解释交期长的原因。

回答的话术可以是："虽然其他类似的产品也是8道烤漆的工艺，但我们产品的每一道烤漆，都是在产品经过自然风干后再抛光的，而不是由机器快速吹干的。因此生产的时间会比其他品牌要长，交期自然也长。但是自然风干对烤漆的好处是……"这段话术要能引起客户的兴趣，否则就显得苍白无力，此时就需要运用到销售属性的语言，具体有3个方法。

1. 讲案例故事的方法

讲述某位客户使用其他产品出现裂纹的故事，解释之所以要自然风干，是因为这个过程使得漆面的耐磨度变高。如此处理的家具在居家使用时，漆面不至于轻易出现细小的裂纹。

2. 形象描绘的方法

请客户看两张不同干燥过程的产品对比图，描绘两件产品经过若干年使用后色泽变化的差异，强调自然风干对色泽的重要性，所以自家产品交期长。

3. 幽默比喻的方法

用两片树叶比喻产品：一片树叶是大自然风干的，树叶表面凝结了岁月和大自然留下的精华；而另一片树叶是在实验室里干燥处理的，表面就很平淡。以此解释自然风干油漆的产品具有独特的韵味，因此交期长。

这3种方法都有一个共同点：联想。根据客户的问题联想出最佳的销售语言，快速反应，这种技能需要在日常工作中多加练习。

三、日常训练销售语言的方法

① 对店面的每件产品，除了掌握其材质、颜色、设计、价格等卖点以外，还要提炼出3个其他的卖点。

② 深挖每一个卖点，针对某一点能熟练地深入讲解。

③ 好品牌就是看细节，提炼出每件产品区别于其他品牌的3个独特细节，日常在店面亲自体会，并能够熟练演示。

④ 搜集故事，重点搜集选择错误产品或是没有购买本品牌产品的痛点故事，日常演练讲述的过程。

⑤ 日常自我总结价值与价格关系的话术，针对不同年龄层的客户，将产品与生活、家庭联系起来，锻炼用语言描绘家庭生活场景的能力。

⑥ 提炼出可以用来比喻产品和品牌的各种元素。

⑦ 提升语言的反转能力，针对产品尺寸，能在大与小、满与空两种完全不同的角度下组织出有利自己的反转内容。

⑧ 使用白话解读专业术语，通俗易懂的语言反而容易被客户接受，销售语言要让客户听得懂。

四、完善佐证的材料

延展性回答能引起客户的兴趣，但是对于延展的内容，应该要去证实。如果做不好这一步，客户会感觉被忽悠，所以延展性回答的最后一步，就是要通过材料来佐证自己所讲的内容。佐证材料包括以下内容：

① 成套配置家具的设计方案，尤其是当地知名或目标楼盘的方案。

② 送货实景照片按系列、风格、房间组、类似空间归类，确保能快速寻找。

③ 体现品牌定位、生产、质量、送货、服务的细节照片，结合不同需求使用。

④ 和其他产品对比各种细节的照片，重点突出其他产品不常见的细节瑕疵。

⑤ 老客户的订单，认可产品和自身的口碑背书、留言、朋友圈动态、合影，等等。

⑥ 店面举办各种沙龙活动的照片，可以作为后期邀约客户参加活动或强化产品形象的工具。

⑦ 当地所有的楼盘户型图，要做到在第一时间拿出来与客户交流。

⑧ 各类视频文件，尤其是体现制作工艺高于行业标准的、可以用来对比产品细节的、能够突出品牌定位的活动宣传和规范化服务类的视频。

⑨ 各类具有价值的文件，如当前和以往的促销文件，佐证当下的优惠力度足够大；工厂的采购标准、售后服务标准和规定，佐证安心的品质和服务。

⑩ 店面、个人甚至是客户围绕着产品本身，都会有着许多有趣的故事，将它们组织利用起来，串成一个个客户愿意聆听的故事。销售大师保罗·梅耶曾说过："用故事能迎合客户，吸引客户的注意，使客户产生信心和兴趣，进而毫无困难地达到销售的目的。"

这些佐证材料也只是其中一部分，大家在日常工作中做好搜集，这也是比较容易能做到的。

基本技能六
细化客户风格

即使掌握了渗透性提问和延展性回答这两项技能后，不少销售顾问仍会发现，实战中，与客户沟通的感觉还是有点别扭。其中的原因，除了沟通内容有瑕疵以外，极有可能就是销售顾问没有掌握客户的风格，没有使用适合对方风格的方式来沟通。下文着重讲述客户DESA风格以及具体的沟通方法。

DESA风格有4种特征,分别是D支配型、E表现型、S可靠型、A分析型。用4种动物来形象比喻的话,分别是老虎、孔雀、无尾熊和猫头鹰。

一、从细节里判断客户的DESA风格

支配型客户一般表现得盛气凌人,自带气场,似乎不允许销售顾问有太多的反驳,眼神比较专注,话语不多,会认真思考,不会轻易表露出自己的喜好。

表现型客户语速快,喜欢使用肢体语言,通常注意力不集中,不会认真听销售顾问讲话,但会直接表达出对多件产品的喜好。他们热衷于交际,进店时常有朋友陪同。

可靠型客户性格温和,对销售顾问的介绍,他们不大会直接拒绝或者反驳,全程稍显拘谨,但会表现得很有礼貌,很尊重销售顾问。

分析型客户非常注重细节,在店面会仔细端详产品的细节,会问销售顾问许多问题,甚至能导致销售顾问不知道该如何往下交流。销售顾问在他们面前,会感受到专业知识的匮乏。

二、维护好不同风格的客户

对于金牌销售而言,在维护客户的过程中,自己使用的方法、沟通的内容、所讲的话,必然都要考虑到客户风格的不同。笔者通过实战,为大家总结了一些经验教训,其中明确了哪些是能做的,哪些是不能做的。

1. 维护支配型客户

能做的是:紧紧围绕着销售进展的环节进行交流,直接切中销售要点。交流的节奏要快,回应要及时。清晰简洁地阐述事实,并确保其真实性。对有可能的异议和要求做好充分准备,询问具体的问题,佐证的材料要有逻辑性,以此来说服客户。提供可选项,让客户自己做出决定,如果不赞同客户的观点,需要有事实依据,而不是个人意见;如果赞同客户的观点,应当支持结果,而不是人。

不能做的是：不能涉及过多的细节，防止分散客户的注意力。不要过分主导客户的决定，且不要轻易讨论已经做出决定的选择。避免闲聊，不要把重心放在建立个人关系上而要放在工作上，不要问不实际或无用的问题，不要做漫无目的的沟通来浪费客户的时间。不要含糊其词和夸大承诺，不要通过看似"精明"的手段让客户信服。不要遗漏事情，避免显得毫无逻辑性或杂乱无章。

2. 维护表现型客户

能做的是：积极询问对方的想法，并与客户在想法上产生共鸣，表达出认可。有意识地增加闲聊，使用对方感兴趣的话题来增进彼此之间非工作上的友谊。适度的赞美，用足够的时间来激励对方，让客户获得满足感，这样才能让维护过程变得有趣，并能加快客户决定的进度。提供其他老客户的故事和案例，客户会受到其他客户看法的影响。写下选择产品时的细节，提出补充的观点来认可客户的选择和决定，并让客户自己承认他们的选择，并对其所选择的产品提供一些特殊和额外的优惠。

不能做的是：沟通的过程中，不要压抑气氛、过于死板；语言不要简略、冷淡。不要过分强调事实数据来说服客户，也不要强势地命令客户做出决定，这样会让对方感到担忧，并引起他们的反感。不要和客户一起"幻想"，不要闲聊太久，避免客户过多纠结于产品本身或是方案效果。不要提供过多的可选项，导致客户拖延购买决定。

3. 维护可靠型客户

能做的是：用简洁的个人观点作为开场白打破僵局，要坦率并开诚布公。仔细观察客户的细小动作，让客户感受到自己的真诚，找到自己与客户的共同点。注意倾听，以一种友好的方式，妥善表达自己的观点，积极回应客户的问题，使用"您觉得怎么样"的问题来引导出客户对产品和方案的想法。为促进成交，可以引用老客户信任自己的成功案例，强调自己的责任心和专业力，让客户放心，触及成交的交谈可以随意自然一点。保证客户决策的正确性，换位思考，尽量保证对方的利益。

不能做的是：不要生硬地推动产品的决定和成交进度；不要过于强势地逼迫客户赞同自己对产品和方案的想法，因为他们也许不会反驳，但将会不再信任自己。不要催促客户过快回应自己的问题，或逼迫他们尽快决定。不要对产品的事实信息做过多的争论，不要使用虚假的信息来迷惑客户或是承诺无法履行的行为；更不要在客户面前，带有不良动机地去贬低其他客户。不要含糊其词地提供过多选项和可能性，那样会扰乱客户选择产品的思路，从而让购买决定拖延太久，让自己逐渐失去主动性。

4. 维护分析型客户

能做的是：对待客户时要有耐心，每次沟通前，提前准备好与产品和方案有关的信息。沟通时，让客户多说，详细了解他们的担忧和需求。回答客户所关心的问题时，直截了当并紧扣主题，要显得自己有过深思熟虑。注意使用严谨的语言和工作态度，并履行自己做出的承诺。如果不赞同客户选择产品的观点，就要使用专业的知识来阐明原因，并提供切实、可靠、实际的销售案例来佐证。

不能做的是：不要让客户觉得自己太随意、不正式且毫无计划性，或杂乱无章。不要对客户所关注和期望的内容含糊不清，不要拖延答应客户的事情，避免耽误销售进展。不要使用不友好的"小动作"，如夸大痛点以诱使成交；不要使用不可靠的信息和他人的意见来证明自己的想法，不要太生硬地推动销售的发展或对原则性的事情建立不实际的期望值。

> 支配型客户觉得所有目标都被达到了，做完了！
> 表现型客户觉得所有情感都被满足了，很有趣！
> 可靠型客户觉得所有因素都被考虑了，很放心！
> 分析型客户觉得所有疑惑都被解答了，很周到！

以上是这4种客户决定成交的大致原因，显然，金牌销售总是能满足他们这些不同的心理需求。

三、了解自身的DESA风格

分析完客户DESA风格后，销售顾问也不能忽略认知自己。销售顾问自身的风格，就是内心感受的投射、思考问题的方式以及对人和事的态度，并最终决定着销售行为。

本章末附有DESA风格的测试工具，大家可以自行测试。

四、让自身风格匹配客户风格的要点

每个人都有自己的特有风格，包括销售顾问，而且销售顾问还要面对其他风格的客户。如何结合自己的风格去维护好客户？如何才能达成和谐、双赢的结果？以下是一些要点。

销售顾问自身风格匹配客户风格的要点		
自身风格	客户风格	维护的重点
支配型	表现型	将注意力放在客户身上
	可靠型	跟客户建立起伙伴关系，给客户一种在为他着想的感觉
	分析型	多花一些时间去处理细节问题，避免出现低级错误
表现型	支配型	将注意力放在客户的目标上
	可靠型	将注意力放在解决方案上，而不是产品本身
	分析型	要回答客户所有的问题，而且还要思考得比客户更深入
可靠型	表现型	保持专注度，不能被客户带偏，记得时刻要把客户拉回来
	支配型	要表现得很坚定，虽然忌惮客户的气场，但要相信自己的专业力
	分析型	要表现得有逻辑性，讲话不能散漫，交流的内容避免毫无依据
分析型	支配型	不必过多纠结细节，要注重大局且考虑全面，显示出专业力
	可靠型	感同身受地表现出自己的关心，让客户认同自己的分析过程
	表现型	散发出热情，用分析语言去认可客户，让客户坚信自己的帮助

总而言之，销售顾问要了解自己、了解客户，不要幻想着自己能沿用一成不变的方式搞定客户，而应当调整出客户最喜欢、最能接受的方式来应对客户，这样才会帮助客户，实现双赢！

基本技能七
持续跟踪客户

邀约客户再次进店是完成销售的重要步骤，没有持续跟踪就不会带来成功的邀约，但是不少销售顾问跟踪客户的过程并不顺利。比如：初次接待没能达到预期的效果，也没有为后期跟踪做好情感和内容上的铺垫；跟踪得不及时或是受到自身心态的影响而过于急躁；跟踪的内容没有新意，过于聚焦在目标上，因而没有认真理会客户的想法。换个角度看看客户面对跟踪时内心里的那些想法：

> "你是谁啊，长什么样子的，卖的是什么牌子的家具，怎么想不起来了？"
> "这个电话，想要跟我谈什么呢？"
> "参加这场活动，到时候会不会逼我交钱？"
> "这个优惠力度是不是忽悠人的，价格还有没有下降的可能性？"
> "怎么这么着急就要我买呢？"

诸如此类的问题，客户不一定会说出来。为了避免客户产生以上这些疑惑，销售顾问在日常跟踪时，要注意一些细节和方法。

一、初次跟踪

① 在客户离店30分钟内，向客户发送一条信息，使用简短的话术介绍品牌定位、店面地址，自己的岗位、专业或是特长，以及手机号码。这样做是防止客

户忘掉自己，因为一旦客户没有记住销售顾问的特别之处，就有可能将他淹没在茫茫的销售队伍里。

❷ 在客户离店24小时内，与其进行一次语音交流。目的是让客户熟悉自己的声音，加深客户对自己的印象，避免后期冷不丁打电话给客户时，产生尴尬。

语言交流的切入点很关键，应当在初次接待的过程中就已经向客户铺垫过。初次接待时，就要留有一个可以延续交流的话题，有以下两种简单的方法可以帮助大家来实现。

第一，初次接待不需要回答客户所有的问题，也并不是回答得越详细越好，对于一个值得深究的问题，销售顾问完全可以有所保留，留作首次语音交流的素材。

第二，引导客户向自己提问，借机挖掘出对方的痛点，随后以专家角色通过语音给予对方解决方案。切记控制好合理的交流时间，不能过短，匆匆挂断会影响交流的效果；然而过长的话，也可能造成言多必失的后果。

二、跟踪频率

仅仅掌握住初次跟踪客户的方法是不够的，毕竟还会涉及长期的跟踪，双方也会产生更多的交流内容。销售顾问更不能以同一种方式对待所有客户，而要根据对方的DESA风格、决定购买的缓急程度以及单值大小来区分具体的跟踪频率。

有些销售顾问不懂得记录对初次进店客户的描述，一般只记录客户的喜好风格、穿衣打扮，其实更重要的是要记录客户给自己的感觉，从客户的行为举止中判断对方能够接受的跟踪频率。

三、跟踪内容

跟踪内容如果没有针对客户所关心的内容展开，绝大多数情况下，跟踪会失败。实战中，客户不单单只有产品需求，其实还有隐藏在产品背后的需求，但是，有可能销售顾问与客户都没有真正意识到这些需求。

一般的销售顾问只会从自己的产品开始销售，而金牌销售顾问则从客户需求开始销售。因此，高质量的跟踪内容是围绕着客户的需求展开的，最终激发出客户满足需求的兴趣，从而决定接受产品和服务。

那么在跟踪客户的过程中，销售顾问要为顾客梳理哪些需求呢？笔者结合马斯洛需求层次理论总结了以下几点：

① 生理需求高的客户更在意实实在在的利益，比如价格足够便宜、折扣足够低。

② 安全需求高的客户更在意产品的品质，比如在使用过程中，能够保证自己足够的安全和安心。

③ 情感需求高的客户更在意与销售顾问之间建立起来的信任关系，以及与销售顾问相处起来的愉悦感受。

④ 尊重需求高的客户更在意品牌的影响力，因为品牌意味着成就。

⑤ 自我实现需求高的客户更在意自己能参与到方案中，以及掌控全局的快感。

隐藏的需求被挖掘后，痛点就会显现出来，跟踪内容就应紧紧围绕着这些需求，从痛点的正、反两个方面着手，正向引导，反向刺激。需要注意的是，任何时候，都不要急于将这些内容切入自己的产品中去，而应当循序渐进。

四、有效跟踪的几个关键点

① 提升每位客户进店后的逗留时长，以及留下联系方式的比例。

② 完善自我管理客户档案的能力，推荐使用客户信息表，详细记录跟踪客户的全部过程。

③ 不管是进店面谈，还是通过电话和微信交流，为了能与客户产生持续的互动，要注意在每一次跟踪时铺垫恰当的话题。

④ 每次跟踪，无论是否达到目的，都要让客户感受到差异化，并对销售顾问有更进一步的了解，让彼此之间的感觉更为友善和亲近。

精细化零售·实战营销

基本技能八
左手设计，右手销售

如果不结合一点软装设计，销售家具的过程会很困难。销售顾问或许认为驻店设计师能为客户提供软装设计服务，这样固然有利于成交，但是设想一个见面谈单的场景，销售顾问、设计师与客户三个人坐在一起，客户与设计师聊设计、聊方案，那么客户跟销售顾问聊什么？

对销售顾问来说，不懂得设计，单纯销售产品有点困难，也有点累，每一张成交订单里都会有一段刻骨铭心的回忆。因此，销售顾问总是羡慕那些精于表现的设计师，他们往往能左右客户的想法。对于设计师而言，不会使用销售语言去解读方案，不懂得客户心理，完全去拼设计能力的道路，也不好走。金牌销售就是兼具了销售和设计双重能力的那一部分人。

一、软装设计能力

"卖家具只是我们的副业，用设计点亮客户对家的梦想，用设计传递更多的生活之美才是我们的初心！"这句话是一位销售顾问对家具销售工作的全新理解。

空间内所有可移动的元素统称为软装，具体包括家具、地毯、窗帘布艺、灯饰、装饰画、绿植、陶瓷、装饰摆件等等。软装设计的目的就是促使这些元素在空间内达到和谐与美观。

1. 空间规划

这不仅仅只是关于如何布置家具，而是对空间和物品进行设计，利用那些容易更换和变动位置的家具与饰品来规划空间，以满足客户的功能性需求和审美喜好。

空间规划也并不是简单地把家具摆放在平面图上，金牌销售总是能熟练地根据客户需求来分配空间，使其能满足家庭生活的基本要求，并符合客户的生活方式，更关键的是他们能够设想和熟练描绘出家具摆放进去后的空间感觉。

2. 色彩搭配

色彩是设计的基础，读懂色彩是读懂设计的第一步。世间的千颜万色都有其规律，在软装设计里，色彩主要分为三大类。

环境色通常指墙体、地面的颜色，不易改变也无须刻意改变。环境色多为中性色，它并非只是黑白灰，而是特指低纯度和低明度的那类颜色。

主体色由空间里的主体用品决定，比如家具、沙发、窗帘、地毯、床品，它们能直接影响到空间的主体色，在设计时，一般选择可以控制的颜色。

点缀色主要来自装饰画、灯具、植物、摆件的色彩，多为与主体色相呼应或者相对比的颜色，可以适当提高点缀色的明度与纯度。

3. 饰品选择

没有丑的饰品，只有用错了地方的饰品。饰品在风格、款型、材质、色彩上都存在着差异，它们在营造空间氛围的同时，还左右着空间的风格和主题，恰当的饰品还能体现出主人的职业、喜好、经历、学识和品味……理想的客单价，饰品应当占有一定的比例，如果客户因为销售顾问的推荐而购买饰品，这就说明客户高度认可了他的软装设计能力。

越来越多的店面开始注重销售顾问的软装设计能力，它对销售顾问的重要性不言而喻，因此金牌销售的特征是：左手设计，右手销售，而且两手都很硬。

二、制作设计方案的能力

要制作设计方案，首先必须具备CAD制图的技能，除此以外，还要能快速手绘空间。上门量房时，面对一个空间，快速手绘出比例得当的尺寸图，后期放在设计方案里，也能加分。这个技能需要勤加练习，在空闲时，不妨动手画起来。

对于各种3D效果的设计软件，掌握基础的技能并没有难度，若要提升方案的效果，需要不断地在产品配色、色彩还原、灯光渲染方面下足功夫。除了日常练习，还要多看优秀的设计案例，学习他人在产品相同的情况下，使用不同配色和饰品，呈现出不同效果的设计手法。

初级设计师和高级设计师制作PPT形式的设计方案比较常见，只不过两者PPT呈现出来的感觉和效果会截然不同。高级设计师的PPT方案，包含着设计理念、元素、配色、材质，甚至会从尺寸、水平面等多个角度来表达每件产品与空间的关系，高级感油然而生。初级设计师往往就是使用CAD尺寸图和产品效果图相结合的方式来呈现设计方案，相比较起来，这就显得简单很多。不管制作何种类型的设计方案，都要有完成的时间要求，因为高效率也是客户成交的关键。

三、深化设计方案的能力

当大家都能拿出类似的设计方案时，自己的设计方案如何能做到与众不同，并让客户牢记于心呢？除了方案本身的质量以外，还可以添加一些元素。

❶ PPT方案里添加特定的背景音乐和影片链接。客户打开PPT方案时，契合家居风格的音乐旋律就响了起来，客户浏览方案的心情顿时也得到舒缓。方案中也可以链接含有类似风格或生活方式的影片，并且对电影做简单的介绍。比如，在欧式风格的设计方案里链接《唐顿庄园》影片，因为这部影片里到处都是经典的欧式家具，客户观看了其中的片段后，就容易把自己融入那种生活方式的场景当中。金牌销售不仅在销售家具，更是在销售生活方式！

❷ 为提升自己在客户心中的专业形象，在设计方案里添加自己的部分设计作品。为产品添加设计元素，为墙体、窗帘、地毯等饰品添加配色原则，这些都一并告诉客户具体推荐给他的原因。甚至为了迎合季节变化，为客户提供两种窗帘和地毯的方案。而一般的设计方案中只会为客户提供出一种。因此，在客户心中，至少能感受到销售顾问能为他提供更高水准、更细致的设计服务，比竞争对手更在乎他。

③ 针对毛坯房，在方案里添加装修环节的注意事项，比如在方案中标识出家具和插座的高度和距离、安装空调和地板时的注意点等。客户在市场上会看到许多设计方案，然而相比较而言，这样的方案考虑到的细节更多，也更全面。正因为方案里有值得阅读的内容，所以客户在没有决定购买前，再次打开它的概率要大。

④ 在方案里添加店面能够优于竞争对手的特色服务项目，比如家具保养、二次置家、窗帘和地毯的免费清洁次数和寄存服务、全国客户服务热线等。

金牌销售通过深化设计方案，能不断增加自身的筹码！在制作设计方案之初，大家就应当抱着必定成交的信念，不要怀疑，并且坚持这样去做，因为做总比不做要好！

四、讲解方案的能力

以为熬尽心血做了设计方案，客户就会下单？那你太天真了。"哑巴设计"往往是一腔热血的单相思，比设计方案更重要的是设计思路的表达，比设计效果更重要的是设计理由的呈现。所以，成交的关键是方案的讲解！

讲解方案是推动客户下单的重要环节，优秀的方案通过有条理、有逻辑性的讲解传递给客户具体的设计思路，用每一个环节的专业服务去抓住客户的心，最终能让客户满意地成交。

加涅家居零售软装学院研发了一门"告别'哑巴设计'"的课程，其中专门有一节是培训销售顾问讲解设计方案的课程。除了接受专业的培训以外，日常的自我锻炼也很重要，跟读者分享其中几个方法。

① 多看他人的设计方案，揣摩一个设计作品是如何被设计师用设计语言进行包装的，摘录那些有利用价值的内容。实战中，笔者曾要求销售顾问每天背诵一段设计语言，在接待客户或是讲解方案时，尝试使用它们，长期坚持使用后，慢慢就会变成自己的语言。

② 日常锻炼延长讲解的时间，每天对着一张家具场景照片，或是对着某个特定的房间讲解10分钟。当站在房间内，环顾四周后开始讲解，到底能讲到哪些

内容？按照什么顺序来讲解，它们有没有逻辑可循？在讲解中能不能引导客户进行交流，带出客户的问题呢？想要知道这些答案，那就要对自己讲解的全过程进行录音，自己才是最好的老师，金牌销售的许多技能都来自自身的感悟。

好的设计师也是文学家，金牌销售其实除了是文学家以外，还是演说家。一个好的设计方案，要被充分地表达出来！

基本技能九
拓展客户的来源渠道

客户来源无非就是线下和线下。线下渠道有门店的自然进店、老客户转介绍、小区营销、异业推荐、设计师介绍；线上渠道则是通过微信社群、朋友圈、直播平台、线上商城、小程序、热门流量平台引流。渠道不一，虽然具体的操作方法会有所区别，但目的是一样的，就是引流客户到门店来感受产品，并和销售顾问本人见面。

本节着重介绍的是拓展线下渠道，如果自己不知道如何着手，那就从客户信息表开始，分析这些已成交客户，从他们那里寻找出潜在的资源。比如：分析客户是如何了解店面和产品的，从中获取更为精准的渠道信息；分析客户购买的建材品牌，请客户帮忙介绍建材品牌的销售顾问；分析客户的DESA风格，如果客户属于表现型风格，最好的方法是进入到他所在的业主圈层；分析客户所在的行业，预判他参与团购的可能性。

这些只是其中一小部分方法，目的是引导大家认真分析现有的客户价值。

一、线下拓展

线下拓展就是扩大各种营销圈层，无非就是老客户、设计公司、异业、施工方，甚至是同行，想要做到位，并没有特别新奇的方法，唯有用心！

1. 老客户的维护

笔者在多年实战中，总结出维护老客户的心得，就是要将老客户维护成忠实的品牌粉丝和个人的好朋友，为品牌和销售顾问个人进行口碑背书，在他们的圈层里产生作用，从而带来转介绍客户。

销售顾问每次邀请老客户参加活动，他们都会欣然接受，甚至还会带来自己的朋友。在每个楼盘里有一两位朋友般的老客户，他们拉销售顾问进入业主群或异业销售活动群，甚至是帮销售顾问重新组建新的业主团购群，介绍他的置业顾问、物业、管家等，帮助主动宣传并直接带来转介绍的客户。

想要达成这样的效果，首先思考一下老客户愿意提供帮助的原因，以及他们能做出哪些帮助。当然销售顾问更要为老客户提供可供他们发挥的内容，让他们能轻松便捷地帮自己实现拓展客户的一些想法。

比如，亲自参与成交客户的送货，并捎带两份礼物，如鲜花和设计方案图册。这个设计方案也应是深化过的，除了上文提到的那些常规内容以外，还应增加有助于转介绍的细节，如个人的设计理念、案例作品以及联系方式等等。如果老客户的朋友恰巧也有购买家具或软装产品的需求，那么他可以通过这本设计方案来向朋友推荐，因为这里面有销售顾问的个人信息，显然，这是一次精准的转介绍机会。

不少销售顾问会遇到一个问题，新客户明明是自己的老客户转介绍的，可是事后才知道，因为新客户并没有说清楚，这样很可惜。上面的方法或许就能帮助解决这个问题。

金牌销售维护老客户的最高境界就是让老客户为销售顾问本人背书，那些转介绍而来的新客户进店时都会有意识地找到自己。

2. 设计师的维护

每位设计师基本都有自己的圈层，只要找到能起到关键作用的设计师朋友，请他帮忙将自己融入他的设计师圈层，销售顾问就能收获更多的设计师资源。另外，客户、设计公司的工作人员、异业伙伴的介绍，以及参与设计师俱乐部、搜索设计师网站或APP，甚至是陌生拜访，等等，都是帮助销售顾问找到目标设计师的途径。

全面了解设计师，上网或通过他人来了解他们的设计作品、擅长的风格、成功的设计案例、获得过的奖项、习惯使用的产品等。这些内容，金牌销售必然是先期掌握好，才会跟对方做进一步的交流。因为，要先懂得对方的作品、设计风格和爱好，才能产生合作的火花。

笔者建议店面或销售顾问根据与设计师的交流和合作过程，将维护的设计师分成3种类型，然后区别维护。

A类设计师与销售顾问有较好的关系，他们或许属于设计师群体中的新生力量，希望彼此能够一起成长，也或许是特别注重效果的设计师，他们往往能主动推荐适合品牌的客户。

B类设计师有可能还会推荐其他的品牌和销售顾问，自家品牌并不是他唯一的合作对象。

C类设计师并不会主推自家的产品，但只要合作的力度够大，也会帮忙推荐。

上面的3类设计师在客户面前，都是比较配合的，但应该有不同的维护力度。A类设计师，他们犹如朋友般的存在，应像维护友谊一样维护与他们的关系。对于B、C类设计师，维护的目的是要将他们转化成A类设计师，因此应当增强维护的力度。

笔者曾使用专门的表格来管理维护的过程，比如关注对方最后一次报备客户、带客进店的时间，以此来判断对方有没有主动带单的意识；关注对方还在合作推荐的其他品牌，这样就能搞清楚对方已有的合作方，做到知己知彼。

总之，销售顾问要想到设计师们在关注什么，反思一下自己能为他们做些什么。维护设计师的频率够不够？对方有哪些优势，自己又有哪些优势呢？自己能为设计师提供哪些工具？能否做出符合并超出对方期许的软装方案？双方是否能成为一个完美的组合？销售顾问总要为设计师提供一些将品牌推荐给客户的完美话术，有哪些更好的方法可以帮助他们实现呢？销售顾问维护设计师的方式，难道就只剩下利益了吗？

寻找出这些问题的答案，就能帮助销售顾问梳理出维护设计师最好的方法。

3. 其他渠道的维护

所有前后端异业的基层伙伴，大家每天都及时共享最新的客户信息，这是异业联盟的价值之一。比如最新的购房业主信息主要来源于置业顾问；最新的装修信息则来源于一线的建材销售顾问、装修的工长和监理。

企业工会、物业协会、广告公司、婚庆行业……凡是能够对销售顾问自身和产品起到宣传帮助的圈层，都可以去结交相识，让对方知道自己在家具行业里的专业力、人脉，以及所售产品的大致情况，但凡他们身边的朋友有购买家具需求时，都能第一时间想到自己。

二、线上拓展

销售顾问在线上拓展客户渠道，能够获取到更多数量的客户，为店面引流，现在使用较多的就是社交平台，尤其是微信，这部分内容在本书中有单独的章节进行讲述。

基本技能十　成交技能

了解客户和了解产品同样重要，销售顾问必须时常问自己："客户为什么会买我的产品？""为什么有些意向明确的客户反而没能成交呢？"探究出具体的答案后，再总结一下成交客户和未成交客户分别有哪些共同点。只有对这些客户进行分类总结，才能找到影响客户成交的各种干扰因素，从而掌握具体的成交技能。

一、避开干扰

1. 避开产品干扰

客户在决定成交前会有所犹豫,总感觉有些产品还不是很满意,此时销售顾问应当了解清楚客户觉得满意的、一般的、不满意的产品分别是哪些。然后,销售顾问针对一般和不满意的产品,应准备好具体的解决方案。

充分的准备,能提高自己的效率,接待客户后,及时罗列出所有意向产品的清单,包括满意的、一般的和不满意的。在不满意的产品旁列出替代品,方便客户选择,这也意味着销售动作的提前,将有利于促进成交。为此,销售顾问应熟练地使用店面的销售软件或表格来生成清单,同时附上单件产品的介绍。制订出每天提供清单的数量,作为自己的奋斗目标。

面对店面产品出样不齐全的情况,销售顾问应准备好应对的话术,并加以重点演练。比如针对每款沙发,能熟练描绘搭配3款不同咖啡桌的效果,并从专业角度,结合客户的DESA风格阐述出使用它们搭配沙发的理由。

2. 避开人为干扰

如果不具备立刻成交的能力,就应提前埋下避开干扰的伏笔,通过精心设计的话题来减少不利因素的影响。比如应在装修前确定家具的伏笔,话题自然就是先订购家具的好处。为此,笔者总结了一些可以用来跟客户交流的话术要点,大家可以在此基础上深化使用。

先订购家具省钱。选择完家具,已花费了大部分的装修预算,因此有利于客户控制住其他方面的费用,避免不必要的增项开支。

先订购家具省心、省力、省时间。逛建材市场时就预定好合适的家具,这样也能减少客户逛商场的次数,避免过于操劳。装修前就把家具尺寸定下来,设计师能合理地规划空间,细节也会被充分地考虑,避免后期返工,比如灯带、空调线路、开关和墙面造型的高度不合适。

先订购家具有助于准确把握风格。客户带着设计师先去看自己喜欢的家具,这样设计师就能通过家具确定具体的装修风格,届时自然也会把产品融到设计当中，使整个软硬装的效果统一。

二、重视家访

促进与客户成交的第一"战场"是店面，第二"战场"是能够与客户见面的其他地方，通常就是客户的新房。家访，虽说就是量房，但很多人只理解了一部分意义，以为只是去实地量量尺寸。其实，它更大的意义是创造出销售顾问与客户再次见面的机会，从而通过家访中的沟通来获取客户更多的信息，因此家访量与接待量之间的比例决定着销售顾问的业绩。

客户在店面会有所担忧，防备心较强，销售顾问在沟通中获取的信息可能只是片面的，也或许是虚假的。家访时，客户处于自身熟悉的环境，心态是放松的，销售顾问能够听到客户的真实想法、客户家人或是最终购买决策者的意见；若是用心留意，甚至还能打探到客户购买其他产品的信息以及竞争对手的情况，从而及时采取针对性的措施。

家访还有其他的作用，比如家访的小区内还有其他待跟进的客户，顺便询问对方在不在家，一起家访；或是在家访中，有了一些新的设计想法，顺便告知同一小区的客户。这样做，能够增加一次联系客户的机会，加深客户对你的印象。

以下是提高个人家访比例并管理好家访过程的要点：

❶ 细化推荐家访服务的话术。

❷ 家访时，要能从专业角度上对竞争品牌的家访者有所制约，与客户交谈的内容要更深、更广。

❸ 重视现场差异化的细节，包括尺寸、高度、特殊空间等其他人想不到的方面，结合痛点案例和经验来发挥话术。

❹ 在家访现场充分描绘空间，引导客户从局部购买转变到全套购买。

❺ 家访时，交流内容不局限于家具本身，而是围绕着软、硬装的任一环节，在现场演绎案例故事，让客户在故事中得到感悟。

❻ 注意聆听客户与家人、朋友、现场施工人员交流的内容，并留意客户当时的反应。

三、将销售机会提前

1. 比竞争对手更快更优秀

利用销售工具丰富自身的专业形象,比如个人作品集、奖励证书等,这些都可以提升客户对自己的信任。拓展知识面,丰富交流的话题,比如:对木瓦水电油等工序所需花费的装修时间,以及需注意的装修细节,要做到心中有数;针对房屋尚处于装修阶段的客户,应在不同的装修时间段提醒客户,而不是跟竞争对手那样,只会盯着订单。

客户会从提醒内容里筛选出对自己有价值的信息,说不定就会因为记住了这些信息,从而记住销售顾问这个人。因此,家具销售并不是孤立的,而是需要有各种专业知识作为支撑,同时又要能抛开家具与客户进行交流,只有这样,才能胜人一筹。

在具备足够的交流内容以后,就要设法将销售机会提前。比如当客户初次进店,销售顾问早就对他家的户型做了研究,对具体的配置方案有着更专业的建议。当销售顾问自信地说出来时,客户恍然大悟后会开始有所信任,而此时竞争对手或许还在跟客户介绍着产品。显然,销售顾问的销售速度就比对手更快一步,这就意味着前期的准备将销售机会提前了一步。

一旦提前了一步,竞争对手跟在后面去跟踪客户,会很吃力。当然,他们也会采取类似的方法。所以,金牌销售会时刻更新与客户沟通的内容,并确保有一部分是竞争对手完全没有想到的。

金牌销售的销售节奏总是快于他人一步,并一直保持着这种气势。因此,想要成为金牌销售,除了具备良好的职业素养以外,最重要的是干练、快速!

2. 适时亮出成交信号

勇敢地向客户亮出成交的信号,这就要求销售顾问善于抓住机会,向客户表达出成交的愿望。千万别担心说出来会把客户吓跑,因为这是不可避免的话题,越早表达出来,就越能探寻出客户的真实想法。

从动作上先去试探,不经意间拿出准备好的销售单据,或拿出POS机、收据等，用这些行为来测试客户的反应，必要时也可以使用肢体语言来做下缓冲，然后就是借助于语言的艺术，发出成交邀请。如果还不行，就要在关键时刻找人配合，为下单找准台阶。

如果觉得客户小区的交付时间还早，也不要轻易放弃，可以大胆介绍意向金活动，委婉地提出意向金的区间金额，让客户二选一。即使最终客户这次没有交钱，但这样的做法，也为客户下一次进店成交留下一个很好的铺垫。

带着客户往成交的方向走，虽说有点主观意识，但作为销售顾问，不去勇敢地尝试，怎么能成功呢！

附 DESA风格测试

在表格中选出相应的词汇，并在DESA图表中画出相应的图形，然后在解析表中找出对应的图形，读取自己的性格分析。

DESA性格测试表

表现的行为	最像自己的	最不像自己的	表现的行为	最像自己的	最不像自己的
热情的	D	D	急躁的	D	D
严格的	A	A	讲究的	A	A
开朗、健谈的	E	E	刺激的	E	E
轻松自在的	S	S	深思的	S	S
情绪化的	E	E	受欢迎的	E	E
有条理的	A	A	细心周到的	A	A
极权的	D	D	有竞争力的	D	D
心理平衡的	S	S	好心的	S	S
有帮助的	S	S	准备充分的	A	A
直率的	D	D	有自信的	D	D
谦虚的	A	A	有理解力的	S	S
好交往的	E	E	前景光明的	E	E
抱怨的	A	A	充满活力的	E	E
有说服力的	D	D	有野心的	D	D
不拘束的	S	S	理性的	A	A
吸引人的	E	E	乐于助人的	S	S
谨慎小心的	S	S	有事业心的	D	D
好逗乐的	E	E	热心的	E	E
实际的	A	A	十全十美的	A	A
固执的	D	D	可靠的	S	S
老练的	A	A	精确的	A	A
精力旺盛的	D	D	乐于倾听的	S	S
镇静的	S	S	愉悦的	E	E
有吸引力的	E	E	诚实的	D	D

（续表）

表现的行为	最像自己的	最不像自己的	表现的行为	最像自己的	最不像自己的
小心仔细的	A	A	活泼的	E	E
亲切的	S	S	忠诚的	S	S
时尚的	E	E	系统的	A	A
努力奋斗的	D	D	热心的	D	D
机智圆滑的	A	A	敏感的	A	A
考虑周到的	S	S	友好的	S	S
自发的	E	E	明确的	D	D
意志坚定的	D	D	社会的	E	E
精力旺盛的	D	D	正确的	A	A
闪烁的	E	E	敢作敢为的	D	D
温和的	S	S	有同情心的	S	S
尊重人的	A	A	响应的	E	E
小心翼翼的	A	A	乐于奉献的	S	S
刚愎自用的	D	D	活泼的	E	E
漫不经心的	E	E	精力旺盛的	D	D
有占有欲的	S	S	谦恭的	A	A
能干有才华的	A	A	苛求的	D	D
有影响力的	E	E	明白表示的	E	E
传授教导者	D	D	懒散的	S	S
好交友的	S	S	自律的	A	A

一、选择说明

① DESA测试不是一个"好"或"坏"的测试，它是对自身性格的真实分析。

② 词汇以4个为一组，在每组词中选出一个最像自己的，在该列中画√；在4个词中选一个最不像自己的，在该列中画√。

③ 做得越快越好，尽量做到客观，不必过于强调这个词是否完全符合自己的性格特点，因为每组词背后都是有原因的。

④ 在选择词汇的过程中，以自己在工作中的反应为准，而不是以自己在家庭或是和好友在一起的反应为准。以自己的感觉，而不是他人对自己的感觉来选

择词汇。记住，自己不会看上去"好"或"坏"，在行为风格中没有"最好"和"最差"之说。

二、计算说明

① 统计出"最像自己的"列中所有"D"的数量，在下表"最像自己的"下的"D"行中写下该数字。统计出"最不像自己的"列中所有"D"的数量，在下表"最不像自己的"下的"D"行中写下该数字。

② 对E、S、A行做同样的统计。

③ 用"最像自己的"的数量减去"最不像自己的"的数量，计算的结果，可能会出现负数。例如，"D"在"最像自己的"中有3个，在"最不像自己的"中有8个，则得数为-5。

④ 将计算的结果数据填进表格，例：

性格特征	最像自己的	最不像自己的	结果
D	3	8	-5
E			
S			
A			

三、图形说明

在下表中找出D、E、S、A相对应的数字并涂黑，将得到自己的性格特征。最高的一格表示自己最主导的性格。

DESA分数表			
D	E	S	A
18	15	17	13
17	14	16	12
16	13	14	11
15	12	13	10
14	11	12	9

（续表）

13	10	11	8
12	9	10	7
		9	
11			6
10	8	8	5
9	7	7	4
8		6	3
7	6	5	2
		4	
6	5	3	1
5		2	0
4	4	1	
3		0	−2
2	3		−3
1	2	−2	−4
0	1	−3	−5
			−6
		−4	−7
−2			
−3	0	−5	
		−6	
−4	−2		−8
−5	−3	−7	
−6			
−7		−8	−9
−8	−4	−9	−10
	−5		
−9			−11
−10		−10	
	−6		−12
		−11	
−11	−7		
−12	−8		−13
−13	−9	−12	−14

107

四、DESA风格分析

特定的个性轨迹对自己的行为可能产生积极影响,也可能产生消极影响。我们每个人都是这4种风格不同程度的混合型。黑线以上的方格表示自己独特风格中强烈的特征,方格位置越高表示该风格对自己的行为影响越大,黑线以下的方格是自己欠缺的特征。

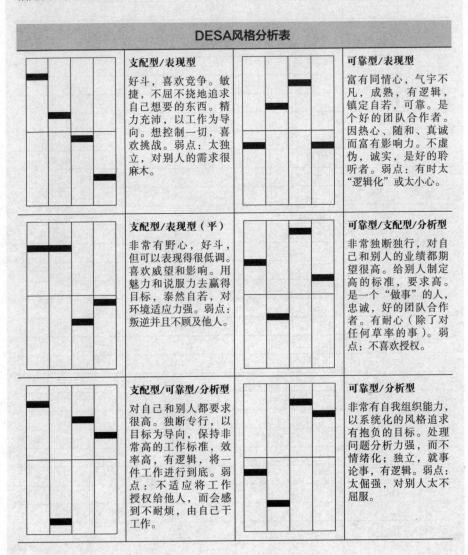

DESA风格分析表

支配型/表现型
好斗,喜欢竞争。敏捷,不屈不挠地追求自己想要的东西。精力充沛,以工作为导向。想控制一切,喜欢挑战。弱点:太独立,对别人的需求很麻木。

可靠型/表现型
富有同情心,气宇不凡,成熟,有逻辑,镇定自若,可靠。是个好的团队合作者。因热心、随和、真诚而富有影响力。不虚伪,诚实,是好的聆听者。弱点:有时太"逻辑化"或太小心。

支配型/表现型(平)
非常有野心,好斗,但可以表现得很低调。喜欢威望和影响。用魅力和说服力去赢得目标,泰然自若,对环境适应力强。弱点:叛逆并且不顾及他人。

可靠型/支配型/分析型
非常独断独行,对自己和别人的业绩都期望很高。给别人制定高的标准,要求高。是一个"做事"的人,忠诚,好的团队合作者。有耐心(除了对任何草率的事)。弱点:不喜欢授权。

支配型/可靠型/分析型
对自己和别人都要求很高。独断专行,以目标为导向,保持非常高的工作标准,效率高,有逻辑,将一件工作进行到底。弱点:不适应将工作授权给他人,而会感到不耐烦,由自己干工作。

可靠型/分析型
非常有自我组织能力,以系统化的风格追求有抱负的目标。处理问题分析力强,而不情绪化;独立,就事论事,有逻辑。弱点:太倔强,对别人太不屈服。

（续表）

类型	描述
支配型/分析型	感觉敏锐，思维敏捷的思想者。分析型性格平和了冲动。难对付的人。好斗，专横，处理问题很有创意。弱点：不耐烦，情绪化，烦人或挑剔。
可靠型/表现型/分析型/支配型	可以成为一个有成就的人。很自觉的工人，甚至把工作带回家做。独断专行，有魅力，但对成就有失落感。可能的弱点：为取悦他人而过于苛责自己。
支配型	非常独断专行，开拓者，寻找新天地去开发或探索。很自立，孤独，不管工作是什么都完全以工作为导向，非常自我。弱点：固执己见，过于操纵。
分析型/表现型	双重性格：一方面要有多样性，一方面要有一个系统化的生活。以目标为导向，相当有魅力。计划者，整洁，有组织性，有说服力。弱点：不耐心，可能有点挑剔。
表现型	激动，感情化，喜欢受人关注，喜欢威望和变化。非常善于社交，性格外向，乐观。痛恨表格和财务报告等形式，喜欢一对一交谈。弱点：可能无组织性，时间管理上有问题。
分析型/可靠型（低"支配型"）	思维缜密，分析能力强，是个清醒的思考者。完美主义者，因天生敏感而担忧什么事或什么人会做错。安静，系统化。可能的弱点：对他人的想法太过敏感。
表现型/分析型	喜欢竞争，以目标为导向。有说服力，有魅力，表达力强，与完全的"表现型"不同，此类人通常很有组织性，整洁。弱点：太不安定，敏感，对朋友和家庭不耐烦。
分析型/可靠型	要求自己而不是别人去达到更高目标和更好业绩。喜欢精确，或许是以科技为导向的，特征与上一类型相似，有些谨慎。弱点：虽然非常善于社交，仍很孤独。

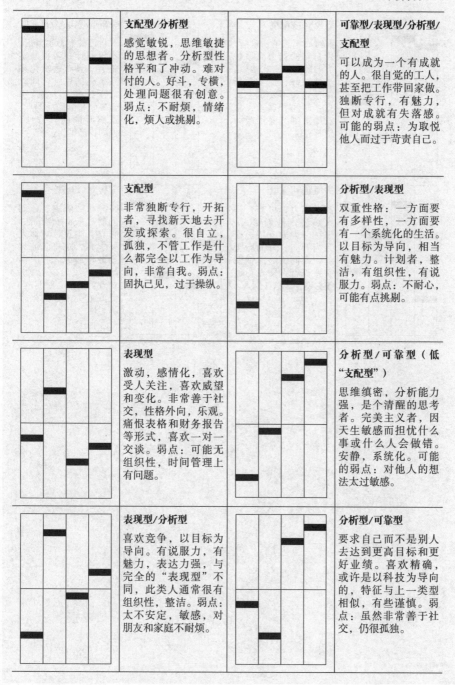

（续表）

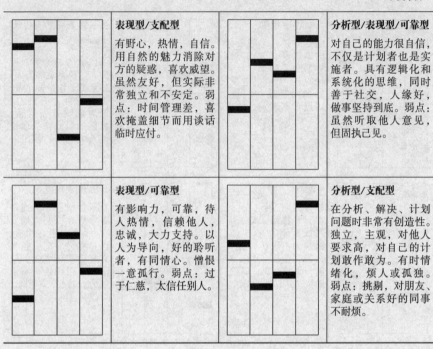

表现型/支配型	分析型/表现型/可靠型
有野心，热情，自信。用自然的魅力消除对方的疑惑，喜欢威望。虽然友好，但实际非常独立和不安定。弱点：时间管理差，喜欢掩盖细节而用谈话临时应付。	对自己的能力很自信，不仅是计划者也是实施者。具有逻辑化和系统化的思维，同时善于社交，人缘好，做事坚持到底。弱点：虽然听取他人意见，但固执己见。
表现型/可靠型	**分析型/支配型**
有影响力，可靠，待人热情，信赖他人，忠诚，大力支持。以人为导向，好的聆听者，有同情心。憎恨一意孤行。弱点：过于仁慈，太信任别人。	在分析、解决、计划问题时非常有创造性。独立，主观，对他人要求高，对自己的计划敢作敢为。有时情绪化，烦人或孤独。弱点：挑剔，对朋友、家庭或关系好的同事不耐烦。

第六章
玩转微信

  微信在全球有十几亿的活跃用户,显然这是一个强有力的网络聊天工具,然而微信用户的信息也会被频繁地截取。店面如果没有线上营销的意识,新客户会越来越少,而且老客户也会逐步被抢走。

  客户会通过微信接触到更多的产品信息,也会与更多的销售顾问产生联系,这样将会增加订单成交的难度,因此销售顾问要习惯通过微信来展示自身和产品的优势,从而被客户信任,并能与客户进行高效的互动。

玩转方法一
认识个人微信的价值

如今市场上有着众多的品牌和店面，产品同质化的现象也很严重。每位销售顾问都有个人微信，也必然会有微信营销的意识，因此对客户而言，他们的微信通讯录里肯定不止一位销售顾问。那么，凭什么让对方仅仅通过微信就能认可自己，以及认可自己所销售的产品呢？

其实个人微信营销与实体店面经营基本相似，无非也就是整合好"人、货、场"这3个关键因素。

"人"是销售顾问本人，增加自己与产品之间更多的联系点，开发出自己独特的价值。

"货"就是产品，稀缺的产品不愁卖，然而大部分销售的产品，客户在任何地方都能买到，所以不具备稀缺性的产品，自然就要想办法把"人"和"场"这两个因素整合好，设法为它们创造出稀缺性的优势。

"场"，通常是店面，在这里可以将它看作个人微信。对于销售顾问而言，需要为个人微信贴上稀缺性的标签，这样会得到客户的重视和足够的关注度，他们才愿意通过微信来了解自己的价值和所销售的产品。

一、工作中的微信好友价值

从稀缺性的角度出发，个人微信在工作中的价值，并不能局限于某个方面。作为家居销售顾问，从产品的风格、尺寸、材质、油漆、工艺等角度来讲，就应该是专业的。但仅仅如此，并不具备稀缺性，销售顾问至少还要具备与家居相邻行业的一些价值，哪怕是风水知识、验房经验等。只要它们能与家居产品的销售有所关联，并且会被运用到，都应当主动掌握，让微信好友觉得自己还有更大的价值，对方即使不购买产品，但凡遇到相关的事情时，也总能想到自己。

二、生活中的微信好友价值

这与日常爱好、学识相关，显然它不止于某一方面。普通人在生活中都会在某些方面具备超出他人的知识和能力，因此挖掘出它们，并大胆地秀出来，要相信这就是自己的个人价值。当所有价值组合在一起时，将会放大个人微信的稀缺性标签，这样自己就会被对方当作一个星标好友存放在微信通讯录里。

三、从价值角度来维护微信客户

即使销售顾问的个人微信有稀缺性特质，但却很少与客户在微信上联系，这就是维护出了问题。添加客户的微信后，从价值角度来维护微信客户，才能与客户之间产生更多的互动和交流，双方才能有更多的了解，随后就是信任。只有从价值角度来维护微信客户，销售顾问才会有清晰的微信营销动作，否则自己在微信里所做的一些努力，可能就会事倍功半，甚至产生负面的影响。

不要仅把微信当作一个聊天工具，如果微信好友想要购买产品，却还要另花时间去实际接触销售顾问以后才能慢慢了解和信任，这无疑会降低销售效率，导致成交速度比竞争对手慢一拍，这也意味着加大了丢单的风险。因此，销售顾问个人微信里的所有表现都应当比对手好，无论如何都不能成为客户微信里一位可有可无的人。

玩转方法二
设置好微信名片的5个细节

一、选择能辨别身份的头像

销售服务和产品，首先是销售人。当下是一个颜值时代，所以微信头像最好使用充满自信的本人照片，它能代表着工作和生活中的某类角色，帮助对方辨别出自己的身份。使用这种头像，在添加陌生人的微信时，往往会有较高的通过率。

① 店面统一员工的微信头像，由个人职业形象照与品牌、店面地址和电话组成，这种方式容易让客户辨别身份。如果使用这种头像，建议个人形象避免生硬，要有"范儿"，最好与产品能有所呼应。

② 头像未必都要使用职业形象照，也不要忽略自己在生活中的角色，使用能让人感到积极阳光的头像，会让人愿意接近。女士使用艺术照或美颜照都是不错的选择，至少代表着爱美，但不要过度修饰以至完全走样。

③ 不建议使用卡通类、宠物类的照片作为头像，虽然体现了自己有爱心，以及活泼的性格，但显得不够成熟，毕竟销售顾问是想在微信上获取客户的信任。风景照片比较中性，虽然给人感觉会轻松，但容易被好友混淆，也很容易被淡忘。

微信头像最好的效果，是在跟好友微信聊天时，对方看着你的头像，就能感受到满满的热情，即使长时间没有联系，对方还能从头像里，回忆起相识的模样。

二、起一个含有背书的微信名

设置微信名与头像的目的一样，就是向好友营销自己。为避免好友的尴尬，理想的方式就是大方地将微信名设置为真实姓名，并为真实姓名进行背书，比如在名字后面背书"家具达人""沙发专家""专业设计师"等，这些背书能强化个人微信的形象。

即使不使用真实姓名，也要注意以下3点：

① 不要在名字前加"A"。虽然加"A"能置顶，但含蓄点会更好。含蓄并不意味着要在对方通讯录里退避三舍，但至少也不要将销售的痕迹粉刷得过重，避免引起对方的不适感。况且名字加"A"，在添加好友时容易被拒绝，即使添加成功，后期也容易被屏蔽。

② 不要使用生僻字、英文名、文艺范的名字，如果好友没有及时备注真实

姓名，就容易忘记，也不方便搜索。

❸ 不要轻易修改微信名，微信名一旦被改动，有可能让自己损失掉微信好友里的潜在用户。不是所有的人都会及时备注真实姓名的，不断修改微信名，只会增加好友寻找自己的难度，还会让对方觉得自己是一位多变、不可靠的人。

三、设置个性化签名

大部分人的微信签名是正能量的座右铭，体现出阳光积极的心态；也有的是诙谐幽默的段子，好友看到时能会心微笑，这种效果也很好，毕竟贩卖快乐才是最高级的销售方式。

个性化签名也有被直接用来做广告的，备注个人的自媒体账号，来帮助实现门户互通；备注线下地址、沙龙活动和促销信息，来帮助店面引流。这种签名受字数的限制，所以文字要精准，重点信息放前面，而且需要定期更新。

为迎合塑造个人微信稀缺性的需求，可以在个性化签名栏内推销自己，让好友一眼就能了解自己身上所具备的价值。与工作相关的内容可以是自己的专业、毕业院校、从业年限、行业角色、所获奖项等；与生活相关的内容则可以是个人的兴趣爱好，或是目前的社会角色，如公益行动志愿者。

四、填写尽量真实的地区

添加好友时，对方能看到自己的地区信息，如果信息明显不真实，神秘感只会让人心存担忧，因此通常会被拒绝。

有个地区叫安道尔，笔者搜索了一下数据，所有的微信用户里有近一千万人选择了这个地区，其中也包括笔者的多位好友。选择安道尔有什么好处吗？如果你不选择具体地区，系统就会默认你来自安道尔。在大多数人看来，或许是出于保护隐私的需求，不想让人知道自己确切的所在地区；也或许是希望彰显个性，故意选择和别人不一样的地区。这样的选择，并没有任何意义，与其如此，倒不如尽量选择真实的地区。

五、设计有亮点的朋友圈封面

大多数人的微信封面会使用风景图片，这类图片尽量能跟头像图片在色彩或情景上有所呼应，最好互为一体。这样的细节处理，会给好友留下深刻的印象，能察觉到你对细节、品质有所追求。精心设计的封面，能提升自己的微信形象，推荐大家使用以下两种形式的封面：

一种是能为自身可信度进行背书的封面，比如封面是自己与行业大佬的合影。实在没有合适的照片，也可以使用店面或产品的照片，这样的封面，至少也能体现出自身对品牌的高度自信。

另一种是折射自身生活态度的封面，比如使用家庭照片作为封面，这意味着自身的家庭观念很重，也侧面告诉好友，自己是一位可靠且值得信赖的人。

玩转方法三
掌握持续积累微信客户的方法

一、通过客户转介绍来积累

零售店面要有意识地设计出有利于客户转介绍的方法，它应该是潜移默化的，是客户自然接受的，并应不太勉强。客户转介绍的方法，除了线下实操以外，也需要与线上互相融合。如何让客户背书，并愿意把朋友的微信名片推荐给自己，或是把自己的微信名片推荐给他们的朋友呢？

客户在成交前希望得到更大的优惠，此时可以恰如其分地提出交换条件，跟客户提出转介绍的需求。在成交现场，邀请客户合影，或是邀请客户在精美的卡片上写下留言，最终引导客户分享这些内容以及自己微信的二维码，发送到朋友圈或是业主群。

如果是由客户为销售顾问转介绍微信客户，通过验证的概率会很大，即便如此，客户答应推荐有需求的微信客户，可是该如何向那些朋友介绍呢？因此，为了他们能对销售顾问本人有清晰的价值定位，就应当提供出相应的话术。

二、深挖"上帝客户"的价值来积累

从众多的客户里筛选出那些与自己有着深厚友谊，并愿意主动帮助自己的人。请对方分享业主群群主和意见领袖、设计师、异业销售顾问等人的微信名片，随后，通过这些带有资源的朋友们裂变出更多的微信客户。

对方为销售顾问组建业主小群，并帮忙拉业主进群，或是把销售顾问拉进有助于寻找客户的各种微信群，比如异业活动群和同行活动群，这些群里肯定有精准的意向客户。假使是低客单值产品的销售群，只要进群，通过一次消费就能获取到一份精准的客户微信号，这种成本并不高。

三、通过维护白名单客户的方式来积累

留有微信号的每位进店客户自然都是白名单客户，店面销售顾问应当想方设法添加他们的微信。如果客户不愿意添加微信好友，也要极力邀请他们关注店面公众号，这是留取客户微信号的补救措施。只要对方关注了公众号，店面在微信后台就能获取到他们的微信号，接着就可以通过搜索微信号来添加对方。

虽然成了白名单客户的微信好友，如果长时间没有与对方进行有效的互动，也容易被对方遗忘、屏蔽，或是被删除。

只有保持互动，长时间活跃于对方的微信通讯录中，才有可能从他们当中寻找出或培养出意向客户。虽然微信本质上是一种沟通工具，但对于销售顾问或是店面来说，它也是客户管理的一种工具。

四、从各种社交群里积累

随着微信的普及，为了彼此之间能够更好地交流，各种圈层都会组建自己的

社交微信群。销售顾问要乐于融入这些社交群，积极参与群里的互动，引起群成员的注意，让大家都能了解自身所从事的行业和能带来的价值，从而挖掘出潜在客户。

社交微信群各异，进群后的私信添加好友是关键。进群后第一时间复制群内所有成员的微信号，保存下来，别急着添加，先查阅群友的微信名片，以及非朋友关系的朋友圈内容。着重观察发言频率高的群友，他们是首先要考虑添加的对象，可以直接通过群内搜索添加；而对于发言并不积极的群友，就要慎重对待，如果通过同样的方式添加对方，他能看到你与他来自同一个微信群，一旦引起对方反感，就有可能被投诉。因此，笔者建议大家在具体操作时，使用另外一个微信号来添加好友，这样不仅避免引起反感，还能避开对方不允许通过群添加好友的设置。

对家具销售而言，最优质的社交群无疑是业主群，从业主群里积累微信客户，在添加群友时要有精准的方法。通常使用较多的是利用群主背书和老客户背书的方法，添加业主微信时，对方不会觉得唐突和尴尬，通过的概率高。绝大多数情况下，销售顾问不可能都会获得群主和老客户的帮助，仍需要通过自己的努力来添加，因此还应当准备其他的方法，比如热点问题加赞美、专业角度加案例的方法。

五、利用店面公众号来积累

微信个人号和店面公众号之间，应当构建互利的关系。公众号文章的阅读率普遍不高，即使这样，大家仍在不遗余力地优化内容，毕竟它的扩散方式比较便捷。精心编辑几篇介绍自己的文章，通过店面公众号向外发布，为自己宣传。文章的宣传扩散，主要还是依靠个人转发和公众号推荐。为这些文章贴上"在看"的标签，可以加大微信好友点击文章的概率。邀请好友转发，不断让更多的客户看到，从而有机会让这些人通过扫描文末二维码的方式来添加自己。

还可以利用公众号的互动小程序来营销自己，无非就是将介绍个人的网页，以微信二维码的形式呈现在小程序里，客户扫描后，就能看到里面的内容，如作品集、产品介绍等信息，从而达到为自己引流的目的。

六、从不同的社交平台来积累

目前,市面出现了越来越细分的各种社交平台,如抖音、快手、小红书、西瓜视频、微视、知乎、百家号、简书、B站、喜马拉雅、今日头条等,它们聚集在一起,就像一座开放式的流量广场。在各个账号上可以通过晒图、发短视频、发文章以及蹭热点的自由评论等方式,来获得更多陌生人的关注。一旦对方关注,就可以逐渐把他们引流到个人微信中来。

各个社交平台与微信之间应保持常态化互动,发布微信朋友圈时,附带上在其他平台上发布内容的链接,而在其他平台发布内容时,更应当附带个人的微信名片。

与时俱进是迎合这个时代的唯一法宝。零售店面的销售顾问,应学习经营自己的各类平台账号,利用这些线上交流的工具,引流关注粉丝,从而积累微信客户数量。

以上是积累微信客户的一些方法,虽然简单,认真使用才最接地气。不管是在店面接待到的,通过客户介绍的,还是外拓中遇到的客户,都不要轻易放弃。销售顾问应当不少于3次向对方索要微信号或是发出添加微信好友的邀请,且这3次使用的应是不同的方法,这才是个人积累微信客户数量的关键所在。

玩转方法四
精准发布朋友圈

微信并不是纯粹的销售平台,它更大的价值是自我展示的窗口,朋友圈就是展示自己个人形象、专业能力,以及自己从消费者惯有的角度出发去表达观点的一种媒介。因此,朋友圈营销通常的顺序是先社交,再成交。

一、发布朋友圈的原则

1. 规划好朋友圈内容

朋友圈里的生活类内容,是希望对方能够了解销售顾问本人,并真切感受到销售顾问本人是一个鲜活的人物。因此,这些内容要贴近生活,围绕着自身在生活中具有稀缺价值的角色去发挥。

工作类内容分享的是产品和品牌、客户评价、实景案例、活动信息等,除了自己原创以外,也可以转发有阅读价值的文章,它们能体现出销售顾问具有一定的行业高度,以及对专业的关注。

应处理好生活与工作两类微信内容的比重。侧重于工作,而没有生活内容,会给人一种不真实的感觉,换言之自己跟对方只是工作上的关系。如果侧重于生活,又失去了本意,所以应掌握好它们之间的比重。

2. 发布朋友圈要具备高情商

虽然掌握了内容的比重,但发布的内容也总是希望能得到好友的阅读和认可,因此在发布朋友圈时,应当注意以下几个方面:

① 内容够有趣,偶尔发送一些有趣味性的图片或互动游戏,一旦朋友圈能让好友觉得有趣,大家就会时常惦记进来看看。

② 不要在朋友圈里记录自己的负面情绪,大家看到后都不会对自己留有好印象。

③ 暗喻嘲讽、指桑骂槐式的内容也不要发,有可能在不知不觉中,就得罪了不少好友。

④ 避免刷屏。不是每位好友都很在意别人的动态,他们也不希望自己的朋友圈被某个人的内容霸屏,更何况,偶尔炫耀式的刷屏更是典型的拉仇恨行为。

⑤ 不要轻易转发站在道德制高点和带有道德绑架倾向的内容,更不要转发带有诅咒且强制别人转发的文章,这是大忌。

⑥ 发朋友圈前应回复所有好友的信息。发了朋友圈,而没有回复好友的信息,就证明不够重视对方,而且还很没礼貌。

3. 为特殊的对象定制内容

探究客户感兴趣的话题，发送对方愿意阅读的内容。如果是照片，在照片组合里添加产品信息，比如针对爱跑步的客户，就发布跑步和产品相结合的照片；针对喜欢钓鱼的客户，就发布钓鱼和产品相结合的照片。从跑步、钓鱼类的公众号里找出值得转发的文章，转发时，编辑一段文字，自己写最好，不能写就从文章里摘录。这说明你仔细看过这篇文章，而且也对这样的内容感兴趣，客户会基于同样的喜好，从而对你的好感会胜过竞争对手。

4. 掌握好发布朋友圈的频次

发布的朋友圈是否对好友产生了刷屏效果，这跟对方的微信好友数量相关。即使这样，仍要考虑到绝大部分的好友，每天发布的频次不宜过多，发布的时间尽量固定，内容最好也要有一定的规律。

早晨适宜问候早安，发布产品照片和能引起共鸣的图文。中午前更新一条与客户相关的动态，比如与客户洽谈或是达成成交的图片，配图的文字需要直述主题。午后更新的内容应当提升高度，比如发布行业内的相关信息，或是分享行业小知识。下班时分享一天的工作动态，比如客户与自己咨询互动的聊天截图，或是自己与产品、客户的合影，并配上自己的解读。晚间的内容侧重于自身对生活的感悟，抱着感恩的态度在朋友圈里道声晚安。

二、朋友圈内容的编辑技巧

1. 图片的使用技巧

家具产品不同于兴趣爱好类的产品，并不适合在朋友圈里天天发布产品的图片。如果天天发，好友们看到这些图片也会感到乏味，所以发产品图片的关键还是要迎合好友们的心理，不要过度追求频率和数量，而应当追求质量和效果。

❶ 图片内容应积极健康，不要发不适宜的图片；尽量少转发别人的图片，多发自己拍摄的，只是要注意图片的取景角度、构图比例和色彩配合。

生活图片要具有美感，让好友通过图片能感受到自己的欣赏能力，相信自己是一位热爱生活、讲究细节的人，从而认可自己。

产品图片要能把产品融入生活中，容易让好友对产品产生联想，并把自己置身进去，没有灵魂的产品图片吸引不了他们。

❷ 多张照片的数量也有讲究，对于有强迫症的人来说，5张、7张、8张的组合并不好看。九宫格组合比较常见，整体的美观度较好；3张、4张的组合也不错，既能满足多角度展示产品的需要，而且图片大小适宜，视觉效果清晰。

除了注重图片的组合形式以外，还要注重它们之间的逻辑关系。以家具产品图片为例，如果用多张图片介绍某款产品，应按照从整体到局部的关系，图片排序是产品整体图、各个局部的细节图，这样才能吸引好友一步步深究产品。

2. 文案的编辑细节

因为是个人微信，而不是品牌微信或公众号，因此应当多发自己原创的文案，而不是大量摘抄和转发别人的内容。只要日常勤于思考，逐步锻炼出自己洞察事务的能力，那么写出来的文字，即便是大白话，也能获得好友的认可。

❶ 两种生活文案容易吸引好友：第一种是有温度、有情感的文案，编辑这种文案的高明做法是从细小的场景出发，用朴实无华的文字引发客户的心理共鸣；另一种是叙述生活中的趣味情节，能让好友会心一笑，采用第一人称的写作手法，通常效果会更好，因为这样能让好友将这段情节与你的形象联系起来，就如同你今天出现在他身边一样。

❷ 鉴于所从事的行业，希望好友认可自己的朋友圈内容，工作文案要上升到行业高度，多专注于产品品类而不是产品本身。比如对于家具销售顾问来说，每天坚持发送一条关于装修知识的文案，好友只要打开你的朋友圈，就像打开了一份装修宝典。

❸ 工作文案应把握好细节，把最想给好友看到的信息往前放，并使用符号和表情来突出重点。介绍产品的文案力求短而精、有亮点，做到有逻辑可寻。在文案前面用【】来标注文案的类别，比如【客户见证】【案例鉴赏】【经典品鉴】等，这种形式容易让好友产生连续性的记忆。

④ 无论何种类型的文案，与图片所表达的内容都要有所呼应，不可词不达意。避免长篇大论，超过6行容易发生折行，影响美观度。错别字虽然无伤大雅，但细节能折射出对待生活的态度，大部分人还是喜欢跟细致的人相处。

3. 转发分享的文章

转发分享的文章有一部分来自自身关注的公众号，因此为了获取素材，建议销售顾问所关注的公众号中至少应有三分之一属于行业的范畴。

转发分享的文章，代表着自身的视角和知识高度，文章需要有内涵、有高度、有价值，因为这也是个人修养和品位的外在表现，所以不能转发低俗、无价值和未经考证的文章。一些纯广告类的文章，以及需要点击关注后才能深度阅读的文章，尤其是通过第三方接口会提取个人信息的文章，也不要在朋友圈里转发分享。

4. 有吸引力的广告

微信好友其实并不会反感朋友圈广告，反感的是不断刷屏的行为。在朋友圈里硬生生地推荐产品，这种方式枯燥无味，毕竟大部分好友当下并不见得有需求，即使是意向客户，带有这样的广告对他而言也并没有太大吸引力。因此，广告内容要有差异化，带有故事情节的广告，最有可能被阅读。

① 客户感兴趣的不是产品本身，而是关于产品的客户见证、反馈和案例，有故事情节的内容才有说服力。想要提升效果，情节中最好有销售顾问本人或是客户，那样的广告显得更加真实。只有不停地在朋友圈里讲述这些内容，才能引起好友的探究兴趣。

② 虽然广告应当尽量以客户见证、反馈和案例为主，但也不至于完全放弃对产品本身的宣传。产品本身的广告内容无非是产品的材质、设计元素、制作工艺等，只是在发布朋友圈时应当掌握好一定的技巧。

一种是"粗细结合"，发产品本身的广告，既有粗线条的概括，又有细线条的描述，让客户在看完后能觉得有所收获。另一种是"喜忧参半"，适当触碰客户痛点，广告围绕着正面优势、同类产品的反面痛点来描述，并用恰当的图片来佐证，增强客户对痛点的关注，从而刺激客户对产品细节产生更浓的研究兴趣。只要对自家产品有足够的自信心，完全可以放心通过这类广告的内容把客户培养成半个行家。

❸ 促销信息的广告图片最好借助于"活动代言人"，形象又生动。比如宣传买赠活动，发一张客户抱着赠品的图片；即使店面没有活动，也可以发一些客户合影，文案则暗喻店面的优惠力度，吸引客户关注。总之，促销信息通过客户代言，总比直接使用活动说明的文字要好。

领导也是活动代言人，使用领导在活动启动会上宣讲活动的图片，签发的活动通知、在工作群内的活动指示来发布促销广告。这种形式能增强促销力度的可信度，让客户放心购买。

促销海报在朋友圈也是常见的，针对每期促销活动，海报的大主题不能随意更改，但一些细节还是可以适时微调的，比如更新海报中的活动倒计时和剩余名额的信息。不断向客户灌输这类信息，对方或许也知道这是一种销售手段，但他们心底里并不会太排斥，因为这是销售顾问的工作。

三、朋友圈互动要点

双方关系一般，彼此没有沟通欲望，很少在微信上互动，偶尔朋友圈的点赞和评论，也会显得唐突。彼此可能就是可有可无的好友，但是作为销售顾问却不能无动于衷，不管如何，知道自己所从事的行业、所销售的产品的那群好友都是值得互动的，不管对方是自己买，还是帮自己介绍其他客户，或是嫁接资源，总可以从他们身上挖掘出一些价值。

1. 不轻易屏蔽和设置显示时间

好友特地来看你的朋友圈，肯定是想有所了解。如果对方发现你屏蔽了他，彼此的距离瞬间就拉开了。朋友圈内容能设置三天和一个月的显示时间，相信不少人对好友设限显示时间是反感的，毕竟打开后，只能看到少部分的内容，一旦对方三天内都没更新，那就什么都看不到，会有失落感。因此朋友圈不应轻易地屏蔽和设限，因为，除了在乎、关心自己的人之外，没有谁会经常浏览自己的朋友圈，不在乎自己的人根本就不会来。

2. 第一时间浏览新加好友的朋友圈

添加好友后不要急着打招呼，应首先浏览对方的朋友圈，寻找一下是否有共同好友，是否有共同社交圈，如果有，双方就有了进一步互动的情感纽带。接着，从对方朋友圈的内容里了解对方，比较容易判断的是对方所从事的行业以及个人喜好。根据对方发布朋友圈的频率和文字风格，可以大致判断其性格，极少发布朋友圈的好友，属于分析型的居多，他们的自我保护意识比较强，互动时要注意分寸；经常发布朋友圈的好友，他们爱表现，性格直率独立，有明确的喜好，互动时要尊重对方的独立个性，别尝试着去反驳和影响他们。

3. 寻找和利用好互动话题

懒于社交是当今社会的一个症状，但对于从事销售行业的人来说，可不能有这种毛病，还是应当主动寻找能与客户互动的话题，这样才不至于只是直愣愣地盯着订单。

① 对于日渐疏远的微信好友，给自己制订一个以周为单位的行动计划，从翻看对方的朋友圈开始，尝试寻找互动的话题。从朋友圈里看看对方一直关注和喜欢的东西是什么？最近又迷上了什么？假设某位好友在半年内，主动发出同一话题的内容达3次以上，那么，这个话题极有可能是对方比较关注的；如果一个月内连续发出了多次，更加说明了这个话题已经在对方心中占据了重要的位置，这些就是销售顾问要寻找的沟通话题。

② 寻找到话题后，不要立刻尝试用这个话题去跟对方互动，一旦自己所讲的与对方理解的相去甚远，他就会揣摩你的动机。当然，也完全可以摆正姿态，以一个小白的身份去跟对方交流。如果这个话题正是对方的兴趣和喜好所在，他也会乐于分享和互动。只有对话题有了一定的了解后，再跟对方进行互动，才不会造成得不偿失的后果，因此先期需要对即将开展的话题做好互动的准备。

③ 为了增强互动效果，除了先期了解互动话题以外，最好还能围绕着话题，创作自己的朋友圈内容，甚至是只发布给对方看的朋友圈内容。如果再用心一些，可以在一段时间内连续发布数条与话题相关的朋友圈内容，潜移默化地引起对方的关注，不要让对方察觉到自己是要去巴结他才这样发布朋友圈的。一旦对方在评论区与自己开始有所互动，就可以转移到私聊界面下互动。倘若对方并没有主动评论，也可以直接私信对方，从而产生互动。

4. 处理好点赞的细节

① 好友对你发布的朋友圈内容常常点赞，但从不评论或是私信聊天，这种情形下，你具有互动的主动权。因此，需要常去对方的朋友圈里进行互动，或是私信聊天，如果得到的是积极回应，说明他对你并不设防，你在对方心目中的印象至少还是不错的。如果试探几次，却得不到对方的反馈，那就说明对方暂时并不希望与你有过多的联系，因此别急功近利。

② 如果好友根据你发布的内容选择性地点赞，那么遇到符合对方兴趣的内容，就应当想起来私发给对方。为了不做对方微信里可有可无的人，就应去积极地行动。

③ 好友长时间没有丝毫点赞的痕迹，这就意味着你处于非常弱势的地位，此时不妨积极示好。如果认为对方很重要，就将他设为星标朋友，每天查看他的动态，对方一旦发布了朋友圈，及时点赞并认真阅读，从中寻找到互动的机会。

5. 掌握评论的要点

任何好友评论了你的朋友圈，你务必要做到一一回复，这是起码的社交礼仪。

① 有点赞就要有评论：为了有效避免自己的点赞被淹没在茫茫人海之中，也为了巩固自己在对方心中的地位，有点赞就必须要有评论。尤其是星标好友的原创朋友圈内容，都必须仔细阅读，点赞并认真书写出一到三行的评论文字。

❷ 评论的时间点：选择恰当的评论时间点，通常做法是在对方发了朋友圈以后，等待一段时间再进行评论。此时，对方朋友圈已过了评论高峰期，自己的评论就会凸显出来。

❸ 用心的评论：举例来说，笔者的朋友发布了一条女儿过生日的朋友圈动态，微信好友通常的做法是点赞，外加生日蛋糕表情包的评论。笔者的做法是先翻看对方之前的朋友圈内容，从中了解到他的女儿叫贝贝，在上小学六年级，然后在这条朋友圈下点赞，评论内容则是"祝贝贝生日快乐，并预祝她今年考上理想的中学。"虽然这也是一份平常的评论，但会显得比其他人用心一些，对方也会感受到笔者对他的关注和真挚情谊。请相信，用心的评论总能给对方带来一丝感动。

❹ 有深度的评论：评论的内容要能契合对方发朋友圈的目的，每个人发朋友圈的目的基本都一样，就是想要找到自我存在感。微信互动的最高境界就是满足彼此的存在感，从互加好友开始，到关注，再到共鸣！

❺ 幽默的评论：幽默是以上各种评论技巧的最佳补充，同样也会吸引对方来靠近自己，并愿意和自己交流。微信里，能毫无顾忌发表幽默评论的地方，自然就是朋友圈的流量广告，大家别轻易放过这个机会，使用幽默的评论迅速抓取好友们的眼球。

❻ 新鲜的词汇：也就是指使用网络流行语来评论。为了达到这个效果，就要了解各种网络梗，尤其是针对年轻的群体，毕竟你要培养下一个年龄层的客户。因此在推广产品之前，要确保自己与对方的语言习惯是相通的。

6. 适当运用娱乐游戏

朋友圈除了发布常规内容以外，为增加互动，轻松的娱乐游戏也是不错的选择。可以在朋友圈里发出娱乐化的提问，但应避免自卖自夸。比如：搞一个评论活动，向第8个、第18个评论的好友赠送礼品；复制测算大师里的题目，吸引好友参与，但千万不要链接第三方的接口。

玩转方法五
充分利用微信小工具

一、快速批量群加好友

批量收集到的电话号码,如果一个个添加好友太耗时,效率也不高。况且每天通过搜索查找的方式添加好友的数量,微信系统是有限制的,一旦超出,系统就会提示"查找失败"。为了快速添加所有的电话号码,需要申请成为腾讯会员,通过"QQ同步助手"小工具,将手机通讯录中的联系人批量导入微信,此时系统显示的是"邀请"而不是"添加",邀请好友的数量就没有限制。

第一步:用电脑下载QQ同步助手网页版,用手机下载其APP版本;

第二步:打开QQ同步助手APP,用手机号注册并登录;

第三步:打开QQ同步助手网页版,通过扫一扫的方式登录;

第四步:在网页版上点击"更多操作",导入联系人,选择下载EXCEL模板;

第五步:按照EXCEL模板逐一填写电话号码,选择上传;

第六步:打开QQ同步助手APP,刷新后就完成了手机通讯录的导入;

第七步:打开微信中添加好友的界面,通过手机联系人逐一添加。

通过电话号码添加好友,如何向对方推荐自己呢?添加好友的话术是关键,清楚阐述添加对方的缘由,添加后能给对方带来的好处。当然,对方或许并不会第一时间就通过验证,会先询问你是如何获取到联系方式的,所以应准备好答案,以及回答的话术。

二、设置好友的名片标签

标签能帮助自己分组管理好友,标签要清晰易懂,能方便管理,自己一看好友标签就知道对方存在的价值，以及维护的目的。

标签最基本的功能是帮助选择朋友圈内容的公开范围，除此之外，标签还有其他值得深挖的功能。

❶ 快速贴标签，具体步骤是先点击"通讯录"中的"标签"栏，再点击"新建标签"，设置标签名字，然后"添加成员"，迅速在需要贴标签好友的名片前打钩选择。

❷ 按照标签建立新群，或快速筛选出目标好友进群。逐一添加好友进群，一个个拉进群的方法肯定太慢，高效的方法是按标签索引批量拉好友进群。

❸ 使用群发助手工具，通过标签群发消息给目标好友。群发微信的目的只有一个，就是创造出与对方聊天的机会，最好的效果是让对方看不出来这是群发，而是感觉到你仅跟他一个人在对话。尽量不要群发拉点赞和拉票的信息，尤其要避免群发需要关注公众号或链接第三方小程序才能操作的信息。

三、充分设置好友名片备注

微信名片里有添加文字和照片备注的功能。备注文字用于记录跟踪意向客户的过程，以方便自己适时查看。客户的照片，存在相册里有可能会被删除，但存在名片备注里的照片能将人和事紧密地联系在一起，因此名片备注也是管理客户的一个重要工具。

四、把收藏功能打造成格式转化器

1. 将照片编辑成笔记

使用微信的收藏功能将一张张照片编辑成类似于PDF格式的笔记，能增加发送照片的数量，内容也显得很系统，以这种形式来编辑产品广告图册，显然易于客户的浏览。

具体步骤：在"收藏"界面下点击右上角的"+"号，此时会出现空白的"笔记"；界面中间有个图片的小图标，点击后就进入到手机相册，选择任意数量的照片，生成文件，可用于发朋友圈和私信好友。这种笔记，能解决发朋友圈时

9张图片数量限制的问题，也能减少私信逐一发送照片的提示声响。

照片选择结束后，如果还想更完美一些，就先不要急于点击绿色的"完成"图标，而是点击"预览"，此时会弹出编辑界面，可裁剪照片、贴表情包、输入文字。编辑好后点击"完成"，但还可以继续完善，点击"位置"图标，在笔记的下方输入店面地址，将这样的一个立体的笔记发给客户，对方至少能感受到你的细致和用心。

2. 将照片编辑成视频

假使要给好友发送一件产品多个角度的照片，同时还要向对方介绍产品的细节，也可以使用收藏功能，在照片上添加介绍产品的音频，将其制作成短视频。

此方法的具体步骤与编辑笔记的过程相似，在"收藏"界面下面点击"+"号，在照片栏里添加可供选择的照片，然后点击旁边的"喇叭"按钮，就可以录下你介绍产品的声音。对方打开文件时，就能听到这段讲解。

3. 增加视频长度

公众号的视频，无论长短大家都可以转发，但是单独发朋友圈最多只能发15秒的视频。如何增加视频长度呢？这还得使用收藏功能。在"收藏"界面点击"+"号，添加一段5分钟以内的视频，加载完成后，就可以私信给好友或是发朋友圈了。

五、巧妙使用"在看"功能

"看一看"的本意是为公众号内容增加一条扩散通道，发挥微信本身作为流量大广场的作用，把用户引流到公众号里，实现文章在好友之间的阅读和传递，扩大公众号的传播范围。

点开"看一看"后能在上方看到"朋友在看"，这里能浏览到所有好友的"在看"文章，表示认同的方法是你也点击"在看"，并在这里进行评论。当你为某篇文章点击"在看"后，先前点击过"在看"的好友就能收到信息，对方会因此觉得跟你在某些喜好方面有共鸣，你比其他人更加关注对方。

当你点击某篇文章的"在看"后，不需要转发文章，它就会出现在好友的

"朋友在看"的界面里，如果好友也点了"在看"，对方的好友也都能看到这篇文章。这就提醒大家要设法调动老客户使用"在看"工具，帮助推广店面的微信公众号，潜移默化地影响他们微信里的好友。

邀请客户为店面公众号发布的文章点击"在看"，这样既能避免对方不愿帮转文章的尴尬，还能增强宣传效果，因为"在看"不同于传统的转发朋友圈，它意味着对方对这篇文章的高度认可。

六、在位置定位处植入广告语

发布朋友圈时，点击"所在位置"，用一个不存在的地名进行搜索，在最下方点击"没有找到你的位置"，此时会出现"创建位置"界面，在这里输入你想要表达的内容，保存后就能使用了。它的好处是在你发布朋友圈时，能在地理位置处插入广告语，好友一旦点击，就会显示出详细的广告信息。

七、设置星标好友

星标好友可以置顶在好友列表的最上方，如果对方在某段时间内是重要好友，就将他设为星标好友，这样能够提醒你经常查看星标好友的动态。每天认真阅读他们的朋友圈文章，积极点赞，并评论不少于3行的文字。

玩转方法六 做好微信群营销

零售店面和销售顾问也会尝试直播带货和微信群爆破等线上营销手段，对于体验感强、客单价高、复购率低的产品而言，目标客户的精准程度，以及活动内容的吸引力是成交的关键。不是每家店面、每个人都具备成为网红的条件，直播粉丝也终需被转移到微信通讯录里，再通过集中的微信群活动实现成交，因此引流和成交仍是微信群营销的两个重点环节。

开展微信群营销，从建群之初就要明确目的，因为目的不同，维护群的手段和工具也不同。按照建群目的区分出两种类型，以实现群成员数量裂变为主的拓展群和以实现爆破成交为主的活动群。

一、区别对待两种类型的微信群

以群成员数量裂变为主的拓展群，重点是增加群成员的数量。在建群之初，只有部分成员，包含店面员工、异业伙伴、目标客户等，这些人都了解过产品或店面。店面期望维护这个群，拓展出更多的目标成员进群，不断地在线上和线下宣传该群能给成员带来的价值，并发挥所有已入群成员的力量，通过他们不断拉人，实现成员数量的增加。店面员工在群内积极与新入群成员开展互动，目的也很简单，就是能私加他们的微信，通过一对一私聊，培养对方对产品的兴趣，随后邀约进店或转入活动群。

以爆破成交为主的活动群，重点是成交，因此需要快速反应和行动，最终目的是与群成员建立起一定的买卖关系，因此活动群强调结果。活动群是对拓展群的二次细分，不断将拓展群内成员细分到活动群中，是一个重要的行动步骤。店面可以据此设定员工们的细分任务，比如每场活动时细分目标成员进入活动群的成员数量。活动群也能反哺拓展群，它可以为拓展群带来新增成员，比如在活动群中设置相应的利益点，吸引成交群成员邀约有需求的新成员进入拓展群，这种拉人进群的方式会显得更自然。这是一种拓展客户来源的思路，大家在任何时候都要具备深挖客户价值的意识。

二、微信群营销的实用技巧

不管哪一类型的微信群，具体操作时并不简单，在建立、维护和解散这3个过程中都要掌握一定的技巧。

① 根据建群思路来给群命名，若是拓展群，群名要贴切；若是活动群，群的名称应直截了当，直击群成员的核心利益点，不要含糊其词。

自建群时，建议由易到难，从小群开始，群内成员的数量不要过多，避免人员杂乱。不管是什么性质的群，都应设定好群规，并设置一定的进群门槛，这样会让大家珍惜群资源。

② 群主是风向标，代表着群沟通的方向，如果是以拓展为主的业主群，完全可以由业主中的意见领袖或是表现型性格的客户来担任群主。

群内活跃分子，区别于群主，可以起到串联群成员、营造氛围的关键作用，还能收集群内建议和回复群成员的意见，通常由亲和力较强的小姐姐担任，这样在互动时，能满足语言风格多样化的需要。

种子成员由有明确需求的客户担任，目的是促进群成员从拓展群到活动群的细分，并在爆破活动时，作为带头者促进成交。当然也可以由已经购买的老客户来担任，为店面进行有效的口碑背书。

③ 建群方应立即逐一添加群成员好友，转移至私人微信号。倘若不是建群方，入群的那一刻，就应复制群内成员的微信号。

④ 根据群成员的数量和具体来源，短时间的活动爆破群，一般从组建到解散，最短一天，最长也不要超过一星期。谨防竞争对手混入活动群，否则后果轻则被对方收集到客户信息，重则自己的营销手段、活动措施都充分暴露了出来，因此结束后，就应立刻解散活动群。

三、增加群成员数量的方法

群成员数量与活动爆破业绩密切相关，增加群成员数量是关键，对于家具产品的微信群，通常有以下几种方法来增加成员。

① 进行小区拓展。围绕着目标小区的各个时间节点，自己组建拓展群或者进入到已有的业主微信群中去。在开盘时以咨询楼盘的方法，或是请置业顾问帮忙拉入到楼盘的意向业主群中，再添加业主微信号。

不管在哪个节点，最好能与楼盘的营销部门或物业部门联合起来，围绕着业主所关心和重视的内容，以第三方的身份组织带有公益性的活动，在活动过程中建立临时微信群，因为具有组织者的身份背书，因此在群内能产生一定的影响力。

❷ 提供小金额的超值服务。设想业主在入住新房前所要考虑的问题，以及所需的针对性服务。如果业主被邀约入群后，就能低价购买超值服务，这样做比入群赠送礼品更有吸引力。这是群成员裂变的一种方法，也是抢夺其他品牌老客户的一种手段。

❸ 异业合作是目前行业内主流的微信群成员数量裂变的方式。比如：进入具有前置性且低价格的产品业主团购群里寻找目标成员，添加他们的微信，再将他们转移到小区的拓展群；组建异业联盟，每个品类贡献各自的引流赠品或优惠券，组合形成超级大礼包，业主扫码进入拓展群后才能到合作店面领取。

❹ 利用好老客户的协助，由他们牵头在各自的业主群内将部分业主拉进拓展群，或是把你直接拉进他们的业主群里，随后你以邻居的身份去结交群内的业主成员，添加微信好友后，再将他们拉进客户拓展群。

❺ 以收益吸引好友邀约他人进群，这是开展大型活动时，通常会采用的一种方法。设计出含有个人微信名片的电子邀约海报，通过好友的多渠道转发，一旦有客户扫码，就能直接进群，不管后期是否有成交订单，转发的好友都能获得转发邀约的收益。

❻ 向电话营销的客户发送拓展群信息，或直接添加其为好友并拉进群。邀请进店新客户进群，这也是积极留取对方联系方式的一种途径。

在客流下降，分流明显的当今，如何引流，增加潜在客户数量，这是微信群营销工作的重点。

四、微信群的维护

曾几何时，微信群是那么的红火，而现在微信群渐渐冷了，人情也淡了，更何况是这种带有营销目的的微信群呢？微信群由无到有很容易，群成员由少到多并不容易，而通过日常维护不让它变冷变淡就更为艰难，这也是困扰着许多营销人的难题。以下是一些实用的方法。

① 作为微信群的维护人员，发言内容应遵守最基本的要求——礼貌得体。每天坚持群内发言，比如早晨和晚间的问好，固定时间的内容分享，尽量让群成员养成阅读群内消息的习惯。为了增加自身的人气，如果自身气场不足，一旦要在群内公布重要内容，比如活动信息，就要使用红包雨进行铺垫。

② 寻找和扶持群内意见领袖，这是惯用的套路，微信群活跃的标志之一就是有几位热闹的群内意见领袖。他们最好是由成员自发演变而来的，但是比较慢，如果不能，那就以招募群管理员的形式，直接扶持几位群成员。

③ 直白的广告容易被删除，也容易被忽视，因此广告应尽量以植入的方式为主，并且具有一定的阅读价值。多发布类似于指导客户选择产品的文章，将广告信息植入其中。

④ 提升群内的内容高度，群内互动时，不要仅围绕着自家的产品，更要上升到行业的高度，这样才会提升微信群的公信力，让群内成员更加信任发言的人。

⑤ 善于挖掘和营销群内成员，只要成员有产品需求，痛点类的话题总能吸引他们的参与。当然，作为微信群的组建方，需要用多种案例，并且有能力用第一人称自如地讲解案例。群内就类似话题进行互动时，应当安排其他人员进行补充和回应，不要让成员觉得只有一个人在交流，因此群内其他角色就应当陆续登场，如意见领袖、口碑老客户等。

⑥ 除了专业话题，也不能完全依靠红包来烘托群氛围，还需要大家能日常聊天，这样才不至于让群停留在营销层面。日常聊天也应当有侧重点，当然要避免毁群的话题，虽然群内会有短暂的轰动，但随后便是漫长的寂静。对于家具营销的微信群来说，想要群成员有热闹的回应，还是应当多聊聊业主在各阶段关心的话题，只要与切身利益相关，大家至少都会多看看、聊聊。

⑦ 不能冷落群里的任意一位成员，一个群一旦有20%以上的成员积极地发言，那么群的活跃度是足够的，群内角色成员在这种氛围下，也容易引导非活跃成员的参与。

⑧ 不断细分微信群，积极开辟其他战场，将拓展群细分到意向客户群，再细分到活动群，每次细分的过程都在推动着销售机会的实现。

⑨ 充分利用微信群工具，比如群应用、群玩助手、群里有事、群接龙、名片云助手、小签到、群通知、玩社群、互动吧。群空间助手是微信官方推出的小程序，它的基础功能有群公告、群资料共享、群相册、群打卡、群投票、群运动等，非常的简单实用，能够支持微信群的一些日常维护。

五、活动群的爆破方法

对于高客单价、低消费频率的家具产品而言，微信活动群爆破成功与否，一方面可以用当场成交的订单金额来衡量，另一方面可以用缴纳意向金的具体客户数量来衡量。这两个方面基本确定了活动爆破的主要方向，即以活动的形式与客户产生或多或少的买卖关系。下面介绍几种促进爆破成交的方法。

1. 拼单

这是效仿拼多多的一种成交方法，分别设定一人单独购买、两人拼单购买的价格，客户若想要享受更大的优惠，就需要在微信群成员之间进行拼单。

具体操作中，一般会设有群"托儿"，在活动前扮演一位客户，向群内其他成员发出拼单邀请。拼单成交后，通过喜报轰炸让群内氛围热闹起来，这就会给其他观望的成员带来一些压力。此时，就需要发挥私聊的作用，销售顾问跟观望的成员单独沟通，这是逼单的关键所在。

即使微信群内成员众多，拼单的成员数量最好也不要超过三人。针对拼单没成功的群成员，是否给予拼单优惠，这取决于店面对他们的把握程度，但成交仍是关键，千万别导致丢单。

2. 内购

内购相当于群内福利。为体现出内购活动的稀缺性，店面一年最多组织两次，一旦做多了，内购活动就会失去意义，也会破坏店面的折扣体系。这种活动，尤其要以小件产品、套餐产品为主进行推荐。

邀约客户进内购群，需要设计好细节，并不断地通过故事情节进行铺垫，要让被邀约的客户感觉到这是一次真实且难得的机会。邀约话术不能过于官方，应从与客户的情感角度出发。这种形式的活动群，但凡进群的成员，昵称一定要有相应的要求，如统一称呼为"XX员工亲属"。

3. 特价拍卖会

大多数店面在做特价拍卖会时，销售的产品基本上都是绝对低价的清样和积压库存产品。虽说最终目的是要卖掉产品，但别忘了这是线上的微信群爆破活动，成交并不容易。因此，适当放低特价拍卖会的成交要求，也未尝不可，或许将它看作与老客户的一次沟通机会，反而能在其他地方有所收获。

根据长尾消费理论，特价拍卖会也可以选择家具周边的延伸产品，它们的特点是小金额为主，适宜在线上做出购买决定，这就放大了特价拍卖会的作用。

4. 意向金升级

店面在群内开展这种以收取客户意向金为目的的爆破活动时，通常会借用工厂的名义来设计活动环节。这种形式并不能常用。因此，店面在日常经营中，还得策划好具体的活动升级措施，如向客户赠送超出意向金金额的实用好礼，尽量不要选一些清仓库存产品，而是对方真实所需的，也是真正超值的商品。其目的在于促使客户在群活动时尽快地做出抉择，让他们对活动和销售顾问产生信任，这样就能与竞争对手开展的收取意向金的活动产生本质上的差异。

5. 一站置家的爆破活动

一站置家的爆破活动是品牌联盟常用的方法。所有异业顾问带着各自的意向客户入群，大家各自提供超值的套餐，在同一个微信群内组团向群成员回馈整合好的福利，目的就是互相借力，借助活动消化掉各自现有的意向客户，同时助攻异业伙伴。毕竟异业顾问在向客户推荐产品时，并不会特别顺畅，不如索性举办一场活动，直接将转介绍放到台前，而且还做到声势浩大。

以上只是引导微信群爆破成交的部分方法，更多的活动还是要回归到线下，如何设计和执行线下活动，本书会着重在活动执行的章节中进行详细阐述。

6. 微信群爆破实例

活动群应对参与人员进行详细的分工，比如负责人、主持人、活跃人、物料组，务必使全员都参与进来，具体的细节要求和注意事项与线下活动基本类似。

活动开展的氛围营造很重要，应精心设计和演练渲染的方法和话术；发布重要信息时，以红包雨的方式开场；成交环节开始后，及时在群里公布实时的销售情况，如拼单数、客户成交信息等。

微信群爆破是一场演出，台上十分钟，台下十年功，幕后的功夫必不可少。幕后还应组建店面与每位客户的服务小群，那里是爆破活动的第二现场。大多数情况下，为配合爆破活动，需要在这个服务小群中与客户积极沟通和逼单，这是活动成功与否的关键所在。以下是一个微信群爆破活动的全过程。

案例 微信群爆破活动全过程

> 此处通过一场活动详细阐述微信群爆破活动全过程中的各个关键环节。案例背景是一家店面针对目标楼盘的潜在客户，以工厂回馈的契机，组织的微信群爆破活动，主要目的是成交订单。
>
> 1. 成立项目组，明确群成员的分工
>
> ·总指挥一般由店长担任，统筹活动全过程。
>
> ·主持人是群内信息的发布者，组织群内会议，承上启下，积极和群内客户进行各种互动，营造活动的火爆氛围，锁定和促使客户成交。
>
> ·工厂领导向群内客户介绍活动的筹备背景和产品信息，宣布专项的活动优惠政策，积极跟群内成员互动，答疑解惑。如有真实的领导更好，

若没有，可以由销售顾问临时担任。

· 压单者负责搞定犹豫不决的客户。压单者由具体跟踪客户的销售顾问来担当，及时向犹豫的客户私发信息，包括其他成交客户的沟通和反馈内容、领导关心对方的聊天截屏等。针对大单客户，可以单独组建服务群，员工就在这个小群里进行类似的压单活动。

· 后勤员由认真仔细的同事担任，准备和发送各类电子物料、宣传文案、收款回执函和礼品券等，并负责统计群内数据。

· 调动者在群内扮演普通客户，积极发表促进销售的话题，以及对品牌的感悟，率先缴纳定金，在群内渲染氛围。

2. 组织相关素材

· 微信头像图片。

· 方便销售顾问邀约客户的PDF或H5格式的活动介绍。

· 少量供爆破活动使用的秒杀产品。

· 带价格和不带价格的产品，带价格的产品是引流的超值套餐，不带价格的产品是用于制造氛围的临时惊喜套餐。

· 企业文化介绍、产品的具体介绍和演示文件、员工服务和价格承诺的视频等，它们能彰显品牌实力，带给客户无忧购买的心理暗示。

3. 组建爆破活动群

· 设立含有明确利益点的群名称，让明确身份的工作人员进群，并修改成统一风格的头像及昵称。

· 从维护中的客户拓展群中细分成员，转移到活动群中。扮演业主的调动者不要在建群之初就进群，而应在等待一段时间后再进群，体现出客户的真实性，提升公信力。

· 从组建活动群到真正实施爆破活动，根据所在城市的市场级别，以及客流的周期性区别对待，如果活动群内客户数量能达到20组，爆破活动的效果会更好。爆破周期应尽量控制在建群后的2~7天内，具体时间定在周二或周四的晚间7:00左右，不要让客户长时间等待，否则热度会降低。

4. 活动倒计时的工作

活动前几天的阶段性工作的重点是不断确认能进入活动群的客户名单，销售顾问们一对一地与客户沟通，确认对方在活动当天能否成交。极有可能遇到的情况是实际的进群客户数量与预判的数量有偏差。客户数量不足时，就应以高标准要求全体销售顾问集中进行电话邀约，针对每一位潜在的客户，都要做到多次的一对一沟通，引导对方对活动的内容产生兴趣。只要客户能入群，通过群活动当天的氛围营造，也会有极大的成交可能性。

活动前一天上午，确保所有工作人员进群，修改统一格式的群名片和头像。组织学习群活动流程及相关要求，再次梳理参加活动客户的信息，着重要求销售顾问反复沟通观望中的客户。

下午3:00陆续邀约客户进群，主持人登场，主持人在晚8:00前在群内持续预热，为次日活动做好铺垫。这个过程主要是发布固定格式的群规，明确告知活动内容，烘托群内气氛。

5. 活动当天的关键环节和要点

（1）活动前

活动前的群内预热				
时间点	方法	目的	要点	话术举例
8:00	群内红包雨和早安问候	互动	轻松、愉悦	
12:00	预告活动的开始时间和大致的优惠信息	承诺最大力度和保价政策，打消客户疑虑	发送关于产品质量和服务、客户见证等内容的视频，增强活动说服力和真实性	"本次活动仅限于今晚。"
15:00	使用开放式的问题引导客户在群内互动交流	宣传产品效果	发送产品效果的图片和视频，持续灌输给客户，引导他们想象；在发送这些内容时，切记要增加重点文案	"以上图片、视频全部为实景拍摄，耳听为虚眼见为实！""相信大家在店面选购时，都曾仔细体验过，您丝毫不用担心。"
16:00	提问和游戏	互动	第一个回答的群好友将获得私享红包；问完一个问题，发一个红包，连续进行3次互动提问	"XX公司是一家上市公司，请问目前的市值是多少？"

（续表）

时间点	方法	目的	要点	话术举例
18:00	红包雨和"托儿"登场	活动预热	群内"托儿"登场，询问简单直接的问题，比如"请问活动几点开始啊？"用红包烘托氛围，用红包雨向参与互动的"托儿"和客户们表示感谢	"劲爆2小时，让您省掉1个月的工资！大家注意安排好时间，推掉所有应酬，省钱就等于赚钱！不要让机会擦肩而过，我们等着您！"

（2）活动中

晚7:00活动正式开始，使用红包雨进行热场，注意每次红包雨的文案，尽量采用能够渲染气氛的短句来标识。

领导讲话的内容要强调重点，能体现出权威性和真实性。前半段简单介绍品牌，后半段直接切入主题。话术核心是工厂直供优惠、价保政策和有限的活动名额。

主持人在群内互动、渲染氛围，进行促单。如果群内出现短暂的寂静，不要着急，客户也需要思考的时间，但此时需要多位配合人员出现，直接将客户微信转账的截图分享在群里。主持人逐一唱单，并@成交客户，向其致谢。

整个促单环节中，针对每一笔订金或意向金，都应当立刻截图发送到活动群内，主持人积极唱单，不断落下鞭炮的表情包和红包雨。择机也可以发送客户选购清单内的产品图片，恭喜他们即将能享用如此精美的产品，引发客户之间的攀比情绪。

一旦群里有一丝冷场的迹象，就应该立即使用红包雨渲染气氛。

（3）活动尾声

在活动将要接近尾声时，统计所有成交的客户信息，对活动进行总结。使用格式化话术，逐一向他们的信任和支持表示感谢，再一次强调活动的保价政策，让客户放心。最后播报活动剩余时间和名额，促使犹豫的客户尽快做出决定。

活动完全结束后，主持人表示感谢，并强调后续的对接细节，最终在2个小时后解散该群。

玩转方法七
运营好店面微信公众号

目前，微信公众号普遍遇到的瓶颈是粉丝数量递增的难度系数越来越大，文章阅读率越来越低，即使如此，我们也实在没有理由唱衰公众号，不应轻视这样一个占据用户最多、黏性最强的营销媒介。因为，大部分用户初次接触某一品牌时，都会搜索和翻看他们的公众号，而不是直接去搜索官网，显然公众号目前就是品牌宣传的"第一战场"。它具备了产品窗口、客服窗口、内容窗口的属性，是品牌的发声平台，在很大程度上占据着用户的时间与眼球，不管在品牌传播，还是用户的培养上，都依然占据着天然优势。对于店面而言，自己的公众号也同等重要，再小的个体，都必须要有自己的IP。

狄更斯曾说过："这是最好的时代，也是最坏的时代，这完全取决于你的判断。"我们不要过多地怀疑公众号这个低成本的闭环工具，想要通过它获取更高的价值，就必须重新认识和管理好微信公众号。

一、确定公众号的定位

如果对自身公众号的定位不准确，方向选择错误的话，运营品牌或店面微信公众号这条路会走得很艰难。设立店面公众号的初衷是彰显品牌，进行宣传，还是立足于服务，为粉丝提供售后以及咨询服务，这需要做好权衡。对于绝大多数店面而言，应本着量力而行的态度运营公众号，店面公众号应该贴近自身的客户，首先确保他们能关注；其次通过公众号为他们提供增值类的售后服务，提升互动的频率，增加黏性。

如果要它承担起营销的角色，在明确具体、合理的营销目标前，要清楚粉丝的来源渠道，以及能为粉丝提供哪些有价值的内容。内容有价值才能有阅读量，才会有新的粉丝关注，这样的自我思考，有助于细化出维护公众号的具体措施。

二、9种增粉方法

大部分公众号需要构建粉丝群体的画像，甚至要通过调研，分析出他们的内外特征。内在的深层次特征，包括购买产品的使用目的、偏好、需求；外在的可视化特征，则包括年龄、性别、职业、地域、兴趣爱好等。对于店面公众号而言，合适的定位就可以简化复杂的粉丝画像过程，因为粉丝很明确，就是购买过产品的客户、未购买但了解产品的客户、未来存在购买可能性的客户、认可产品的客户，粉丝的积累无非也就是通过以下几种方式来实现的。

1. 引导老客户关注

许多店面会给老客户提供持续的增值服务，因此在每次与老客户接触时，都要有意识邀请对方关注店面的公众号。比如给老客户赠送礼物时，就附带上店面公众号的二维码和内容说明，让老客户了解到关注公众号后能给自己带来的具体好处。老客户关注了店面公众号，才不至于因为时间久远而淡忘品牌。

2. 引导成交客户即时关注

客户在店面成交时，销售顾问就应请对方关注店面公众号，告诉他们通过公众号能够得到便捷的服务。甚至是在成交前，客户希望能获得更多优惠时，店面作为交换条件，就可以请他们关注公众号，并转发其中的某篇文章。当然，为达到最佳效果，转发文章的内容须是经过精心设计、符合客户背书口吻的，这样能为店面及产品起到最大化的推广作用。

3. 最大化地邀请进店新客户关注

店面是对外推荐公众号的最佳地点，试想客户进店后，没有留下任何联系信息，但并不能就期望于后期随缘相遇。实战中，店面应准备公众号的二维码，在接待的过程中，多次请求客户扫码关注，客户只要关注，店面就能获取对方的微信号。

店面也应加强接待质量的管理，制订互粉比重指标，每周评选微信营销之星，给予奖励，并把排行榜放在店面显眼的位置，以激励全体员工。

4. 通过全员营销增粉

不要忽略员工个人微信号的力量，如果一位员工的微信中有100位客户好友，那么10位员工加起来就有1000位客户好友。员工分享店面公众号文章也是成功推广公众号的捷径，通过分享也能获取一些新增粉丝。

店面应制订分享文章的制度，比如要求全员必须每天选择一条公众号的文章转发到自己的朋友圈以及各种社群。

5. 通过各种线上平台增粉

想在短时间里获得大量的粉丝，必须依靠线上的社交平台和媒体，如抖音、快手、今日头条、微博、QQ空间、知乎、专业地产网站论坛等，在这些线上渠道发表含有店面和产品信息、微信公众号二维码的软文，以引流粉丝。

微博和QQ空间是开放式的大广场，通过@功能可以提醒所有人查看，它们更是事件话题营销的媒介工具。店面的大型活动宣传，就可以通过它们来@所有的人，而且发到这里的内容也容易被百度收录。经常发表到今日头条里的内容，如果被平台幸运推荐，那么粉丝数会增长得更快。

抖音和快手采取的是短视频模式，养号过程中，一开始不断更新有围观价值的视频内容，逐步吸引官方的推荐，后期再植入微信公众号。另一种是将微信公众号植入到其他热门视频的屏幕下方，设置不同的关键词标题，一个关键词就是一个标题，接着上传这些视频内容至各大视频网站。如果有1000个关键词，就上传1000个视频，当用户搜索其中的某个关键词时，你的视频被搜索到的可能性就会加大，排名就会逐渐前进。

论坛网站的推广，对于家居产品而言，需要收集所有高质量的房产、装修等专业论坛，在每个论坛上注册几十个账号，把签名设为公众微信号名称。然后，在论坛上发表热门内容，自己或邀请他人顶帖，并常在留言评论区里与他人进行互动。

6. 通过友情互推增粉

找出一些和本品牌或本店面有共同客户群体的异业微信公众号，长期坚持友情互推，在发布文章的底部推荐对方的产品和微信号，同样，对方发布文章时，也植入自家的产品和微信号。再有就是建立高质量的微信公众号同盟，大家联合在一起，达成宣传共识，在宣传自己平台的同时也顺便捎带上别的平台。

7. 通过其他线下途径增粉

店面所有的宣传物料上都要附带公众号的二维码，这已是绝大部分店面共有的意识，比如将二维码印刷在老客户贺卡上、户外广告上、产品宣传手册上、送货水牌上、随手礼上等。除此之外，还要能跟其他线下的拥有大量客流群的传统商户合作，使用他们的现有渠道。对于家居店面而言，可以跟目标楼盘附近的银行、超市、水果店、酒店进行合作，比如在超市购物小票上印刷店面微信公众号二维码进行推广。

8. 鼓励粉丝推广增粉

通过粉丝对微信公众号的访问，打动他们，扩大口碑宣传。设计新奇有趣、互动效果好的游戏，比如测试类、评比类，这些互动容易被大面积地快速传播，从而吸引粉丝的朋友来关注公众号。

9. 通过商城增粉

基于云端模式，店面建立一个微信商城，通过分销将一个店演变成N个线上分店。即为每位销售顾问、每位能够成为分销的粉丝生成一个独立的二维码，客户扫描二维码，就能进入商城，还可以转移至公众号咨询产品信息，甚至是成交订单。

三、公众号内容营销的技巧

常见的店面公众号会被当成黑板报或单向的信息发布平台，一般用于宣传品牌的正面形象，发布店面的优惠活动等。这样做无可厚非，但却忽视了一点，店面公众号应该为产品和店面服务，但更应该为粉丝服务，要从粉丝的角度去设计内容。

粉丝们只有从公众号中获得了想要的东西，他们才会更加忠实于品牌或店面，才会有水到渠成的销售。粉丝是冲着有价值的内容来的，转发也是因为觉得内容有分享的价值，所以说有价值的内容是第一位的，其次才是增强吸引力的多样化。

1. 符合定位的内容规划

内容的规划，应根据公众号的发展阶段来确定。初创阶段应围绕着家居产品制作技艺的价值点，为粉丝提供涉及家居产品的各种基础知识。发展阶段应围绕着软装设计的价值点，为粉丝提供具有实操指导性的家居软装图文，让粉丝可以轻松地照搬使用。当有了一定基础数量的粉丝，再想要实现突破，就要扩大价值点，提高阅读率和转发率，内容就应定位在生活美学的价值点上，通过赋予家居产品一些生活的灵性，来引起阅读者的共鸣心理。

不管哪个阶段上的内容规划，都应该站在行业的高度上，不能仅围绕着自家的产品，只有这样，才能吸引更多普通读者的关注。

2. 接地气的内容格调

笔者关注了许多店面的公众号，文章几乎都习惯用精致的环境来烘托极致的产品品质和格调。每当看到这样的文章，笔者总在想，粉丝家里的环境都会是这样的吗？这些图文究竟能给粉丝带来什么参考价值呢？

所谓家居，是由一件件接地气的物品组成的，它们每天都在生活中跟最普通的人发生着联系。公众号中那些极致的格调，能让普通粉丝从中产生联想吗？光靠一堆华丽的辞藻、精修的照片就能打动粉丝吗？显然是不可能的，唯一能打动粉丝的只有接地气的真情。比如在一个真实居住的环境中，餐桌上只有一块牛排，这样的照片特写，虽然并没有着重强调餐桌的重要性，但读者会很容易联想到坐在餐桌旁吃牛排的人，这样就能达到宣传产品的目的。因此，公众号文章的内容不要总是端着，写出来的是要给粉丝看的，而不是娱乐自己。

3. 有情感的人格化

拟人化的公众号要像一位有情感的人，有个性，并希望彰显自己，而不是冷冰冰地站在那里。所以公众号与粉丝一定要有情感上的连接，这样才会让粉丝对品牌或店面产生信任感，从而爱上品牌或店面。

如果分享生活美学，用有情感拟人化的方式，就是把每篇文章写成仿佛是一位有品位的小姐姐在跟读者聊着生活里的美学故事。拟人化的文章既能让读者感受到亲近，产生共鸣，还不会让广告显得突兀。

4. 有亮点的标题

不少店面公众号发出来的文章，点击量屈指可数，除了受到粉丝数量、内容规划的影响以外，标题也是关键。如何从众多文章中脱颖而出呢？一篇图文，粉丝第一眼看到的就是标题和题图，二者决定粉丝是否会点击阅读。

一篇好的文章如果没有一个好的标题，就像没有灵魂的身体，不及格的标题就已经把粉丝点击阅读的欲望扼杀掉了。当然这里说的重视标题，并不是让各个公众号运营者做标题党从而消耗粉丝的信任，而是基于文章的内容，提炼出抓人眼球的亮点，或是戳中用户的痛点。

5. 多向他人学习

内容有原创和非原创之分，互联网最大的魅力在于人们可以从中瞬间获取很多信息。店面公众号如果起步晚也没关系，可以向竞争对手学习，他们都是最好的老师。浏览对方的历史文章，分析阅读量靠前的文章，思考自身能否借鉴和模仿写出类似的内容。

编辑公众号文章，一定要有开放的心态，常去线上"兜兜风"，看看大家在聊什么，从中可以寻找对自身品牌或店面有价值的文案，再结合店面公众号的内容规划进行提炼加工。

四、发布文章的细节

每个微信用户都会订阅不少的公众号，也总会有许多未读的文章。对于店面公众号而言，除了注重文章的内容以外，也要注重推送细节。

1. 减少骚扰

店面公众号在后台应对粉丝进行分组管理，不同的文章内容，受众的阅读群体是不一样的，为减少骚扰就应当定向群发。

推送频次不要太高，一旦打扰到粉丝，最坏的后果可能是对方取消关注。如果推送过少，粉丝也会觉得这个公众号只是一个摆设，也很有可能就取消关注了。

2. 丰富形式

推送形式不一定都是图文专题式，图文传达的内容有限，而且还容易造成视觉和审美上的疲劳。零售强调差异化思维，除了图文形式以外，公众号还可以采取短文本、语音、视频等推送方式，优化粉丝的体验感受。

3. 形成规律

让粉丝持续获得有价值的信息，除了坚持推送以外，还需要培养粉丝的阅读定式。比如，罗辑思维的每天60秒语音，提供一个新知识点，大家逐渐就习惯了每天接受这60秒的知识。再如，十点读书，每天10:00准时推送一些文学读物的文章；夜听，每天晚间推送一条情感音频。

五、维护公众号的要点

1. 利用好"阅读原文"

这是很容易被忽略掉的细节。在"阅读原文"中放上超链接，可以链接以前推送过的微信文章，也可以链接广告内容，为店面增加潜在客户。

2. 建立关键词回复系统

公众号发布的历史文章，随着时间的推移，内容会逐渐下沉。店面希望在新粉丝面前展示自己，就需要引导对方来更好地认识自己，因此建立丰富易查的关键词回复系统就非常有必要。

3. 适时人工互动沟通

微信本质上是一个沟通平台，沟通需要有来有往，所以人工互动必不可少。电脑自动回复信息会让粉丝觉得没有温度，工作期间的店面公众号还是要尽量做到适时的人工互动。

4. 增加互动内容

掉粉是经常发生的事情，互动的目的就是留住粉丝，使公众号更具黏性和人性化。店面公众号通过互动来满足粉丝的需求，比如向客户粉丝发送关于产品的生产、到货、报修和保养的信息。

5. 开发小程序

微信小程序有许多优势，无须用户下载登录就能与微信链接，不占手机内存，门槛低，使用的路径也短，所以具有良好的体验感。对于家居店面，在开发小程序方面，笔者总结了几点建议：

❶ 在小程序里上传完整丰富的产品图与场景图，替代纸质宣传册。

❷ 引导粉丝扫描小程序二维码，不用关注就能查看更多的产品资料。登录后生成会员卡，激活后可以领取会员专属优惠券，经客户授权后，提取手机号码，方便二次营销。

❸ 在所有推文与菜单栏里都植入小程序图文的链接，实现在线下单。

❹ 开通小程序商城，实施特价秒杀、拼购、满减、意向金优惠等线上营销手段，吸引客户转化。

6. 重视开发自定义菜单

自定义菜单承担的是微信公众号的撒手锏作用，店面为它进行二次开发，就可以通过公众号给粉丝提供众多的便捷服务，比如游客粉丝能轻松查询产品的信息。自定义菜单若与店面自身的客户服务系统进行链接，那么，公众号的菜单功能就会被放大，比如可以方便客户粉丝通过公众号掌握订单详情、实现线上的产品报修等。

设置菜单要遵循4个原则：主次原则、简单原则、用户优先原则、活动优先原则。

对于绝大多数的店面来说，专业的编辑团队属于高级配置，只能是奢望。在有限的资源里，不要随意安排某位员工来兼任公众号的维护工作，以为每月随便转发几篇文章就够了，与其这样自嗨还不如不做。管理者应当做到充分重视，帮助策划、设计主题，给思路、给方法。当然最重要的还是坚持，微信营销不能靠一招鲜，拼的是态度和执行力，长期坚持下去，在实践中不断积累经验，培养与粉丝的感情，这样预期的目标才有可能实现。

第七章
市场调研

2006年,意大利足球队凭借着混凝土式的防守,在柏林夺取了大力神杯。这告诉我们,想要赢得胜利,除了有效的进攻以外,周密的防守也同样重要。零售店面的前景营销是进攻手段,而充分了解竞争对手就是防守手段,知己知彼,方能百战百胜。

对于仅购买部分产品的那部分客户，在为他们送货时，笔者会要求配送员工除了拍摄自家产品的实景照片外，还要尽可能拍摄其他品牌产品的实景照片，并及时反馈给店面。这样做的目的在于能够及时发现有可能成为竞争对手的品牌，从而认真对待。从照片中来对比彼此的实景效果，如果自己能胜出，照片就变成店面的销售工具。防微杜渐，与销售顾问一起学习，分析部分产品丢单的原因，减少下一次的丢单或是全丢的可能性。

销售顾问时刻都要不断地问自己，客户其他的消费分流到了哪些品牌？还有哪些品牌的产品能配套？这些竞争对手，他们以什么样的方式在开展前景营销？为了达成销售，他们在接待和跟踪客户过程中使用的话术分别着重强调着哪些内容？销售顾问在销售现场就应对这些问题进行提前探究，虚心向客户们请教真正的缘由，并针对客户告知的内容，提炼出更具竞争力的销售话术。这种话术要有差异化，是不能被其他品牌轻易代替、也可能会是其他品牌所不具备的优点，而这些正是能够促使客户购买的理由。

除了了解竞争对手的动态以外，适时的市场调研也很关键。比如培训新员工时，一开始就让他们走到市场上去调研，店面不要对他们做任何的要求，让他们完全以客户的身份去观察。因为，客户就与新员工类似，他们初选家具时也不会很专业。让新员工以这种状态去调研市场，去体会客户在市场上购买家具时的真实感受，后期才能做到将心比心，调整出自己最佳的接待方式和话术。下面的内容就着重围绕着具体的调研细节来展开。

调研细节一
市场调研的要点

市场调研的要点，通俗地讲，就是具体调研哪些方面的内容。本小节着重从竞争对手的接待过程、展陈效果和具体产品3个方面来阐述，每个方面都会细分出多个细节，每个细节的调研结果都能反馈出一些富有价值的信息，并能为自己所用。

一、调研接待过程

1. 迎宾的细节

路过同行店面时，观察销售顾问整体的迎宾形象。如果大家着装统一、职业，仪容仪表俱佳，说明这家店面的管理比较到位，他们肯定会有标准的接待服务流程。相反，如果销售顾问不注重自身的形象，还抱着手机站在门口，可想而知，这家店的内部管理就比较松散，后期若与这家店面竞争客户，就应当要有足够的自信心。

博得客户好感的开场白，也就是最开始的那一段话。调研时，要注意对方的迎宾话术能否给自己留下良好的第一印象，是否具有独特之处或是不一样的亲和力，能否吸引自己进店。迎宾话术能反映这家店面的销售狼性、服务态度和专业水平。如果遇到好的话术，店面应组织学习，并借鉴使用，让自己的迎宾话术变得更为有效。

2. 接待的工具

为体现销售顾问的职业性和专业力，店面会要求他们在接待时携带必要的工具，比如定制的接待记录本或平板电脑。一些不够专业的店面，销售顾问会抱着手机或空着手接待客户，这种店面的销售顾问就以纯销售为主，在客户面前往往会比较弱势。

3. 提问的环节

为了解客户的更多信息，接待过程中销售顾问自然会提出不少问题，应留意并记住竞争对手提问的内容和方式。开放式的提问以挖掘客户痛点为主，听听对方用了哪些开放式的问题，有没有将问题引导到痛点上。

4. 索取联系方式的方法

索取联系方式是接待的重点。竞争对手接待到哪一步时就开始跟自己索要联

153

系方式？是索要电话号码还是互加微信？除了自己常用的索要方法以外，对方的方法还有哪些特别之处？对方索要联系方式的主要方法，从侧面来说也是对方与客户再次取得联系的重要营销动作。

5. 打击对手的话术

调研某家店面时，应从那里了解销售顾问打击对手的话术，他的对手通常有两个，一个是共同对手，另一个则是自家品牌或店面。

听一听对方是如何描绘共同对手的，这样你也可以了解到更多的信息，为己所用；听一听自家的店面在别人眼里的样子，那些被曲解或是真正存在的薄弱环节，就是自己应当立刻改善和提升的。

通过调研能掌握竞争对手打击同行的程度，是毫无顾忌还是有所保留，清楚了解对手的套路，将有助于自己优化应对方案。

6. 销售方式

店面目前有两种销售方式：一种是无设计师的销售方式，店面不提供设计服务，或者销售顾问本身就是设计师；另外一种是销售顾问和设计师相互配合的销售方式。调研时，对竞争对手的销售方式做些简单的了解，如果对方设计师承担了成交的重要角色，相对而言，这家店面的竞争力会更强一些，那么自家的店面也应当要具备这种组团服务的销售方式。

7. 设计方案

虽然大多数店面能为客户提供设计方案，但制作方案的能力和水平是有差距的，客户在选购家具时，通常会看到多种多样的设计方案。在调研中，了解竞争对手能不能提供免费的设计服务，从设计方案呈现出来的效果以及所需的设计时间，可以大致判断出对方的设计水平，所要做的就是争取自己的方案效果和呈现方式优于对方。

8. 预约互动的方法

"我叫XXX，您有空再来看看。""我们下周店面有活动，您可以再来看看。"，等等，这些都是销售顾问邀请客户再次进店的话术。调研时，听一听对手预约互动还有哪些方法，对手会制造出哪些话题内容来预约与客户之后的互动。有强烈跟踪意识的销售顾问，在接待的过程中就已经铺垫好了相关的话题，那么对手究竟是如何铺垫这些内容的呢？其实这里面就蕴含了对手的竞争力。

9. 签单礼品

问问竞争对手有哪些签单礼品，这也许会对处于货比三家中的客户有些吸引力，当这种客户来到自家的店面，他肯定会说出其他店面有签单礼。提前有所了解，才能判断客户所说的情况是否属实，自然也就有成熟应对的话术和方法。

对手具有特色或是用心选择的礼品，也值得自己借鉴和提升一下，最起码在气场上和用心程度上不能输给对手。

10. 销售顾问的数量

竞争对手店面里的销售顾问数量与业绩状况相关，因为员工数量能从侧面反映出团队的稳定性。如果员工很少，浅显原因是招不到人或是离职率高，深层原因则是业绩不好或提点制度不好，这些都会导致销售顾问的信心和服务质量下降，从而影响到接待和后期维护客户的服务质量。遇到这种店面，在后期竞争中，不用过多担忧。

如果对手店面员工比较多，则说明业绩不错，就该重点关注对方做得好的地方，顺便再看看店面员工闲暇之余在做什么。一支有战斗力的团队，总是在不断提升的。

二、调研展陈效果

1. 房间组别

大概调研了解一下竞争对手店面的房间组合情况，如客、餐厅和主卧的数量。店中店展陈的产品是不可能囊括所有产品的，因此调研结束后，应当浏览对方品牌网站内的产品图册，看看还有哪些产品是没有展陈出来的，这些产品又有哪些特点。

2. 主空间的展陈

展陈在主空间的产品，最能代表对手店面经营品牌的形象，是最能吸引客户进店的产品，也可能是最畅销的产品。调研时，着重观察这些产品的样式、材质、面料、做工、价格等，相信对方的销售顾问也会很用心地介绍这些产品，毕竟这些是主打款。调研结束后，必须要对它们进行深层研究。

当然，除了家具产品以外，还应观察主空间的装饰效果、墙体色彩的运用、饰品和窗帘等软装的搭配。如果效果不理想，下一次遇到竞争客户的情况时，就有意识地向客户描述这些不够理想的细节，以体现出自己的专业性。等到客户再次去对方店面比较价格时，他会因为听了自己的描述后再去细看那个空间。

3. 软装展陈

调研时，目测对手店面饰品的新旧程度，评判一下对手品牌的软装整合能力和设计水平。自己要能拥有一双发现美的眼睛，学会比较彼此的软装展陈，借鉴好的搭配方法，自己动手展陈的能力才能提高。

4. 形象宣传

松散的店面对自身形象的管理要求过于放松，并不大会注重那些有损形象的细节，比如店面的卫生不够理想，有许多杂物和卫生死角，仍然播放着陈旧的宣传视频，过时的宣传展品没有及时从店面撤离，等等。这些细节能反映出这家店面的经营意识，店面日常就处于这种松散的态度，势必也会影响到销售顾问，他们也会以松散的态度来接待客户。

除了关注这些细节以外，再观察一下对手在店面重点宣传着哪些信息，比如他们跟异业合作的一些宣传资料、活动单页、样板间资料等，市调时取走一份，带回店面进行分析。

5. 销售道具

许多店面为彰显产品竞争力和促进销售，会在店面展示出吸引客户眼球的销售道具，比如用半成品向客户传递出产品的精湛工艺、考究材质和特殊细节。自身具备的优势，是品牌赖以成长的关键，所有销售顾问必然都会着重演绎。

调研时，着重关注对手店面演绎这些销售道具的过程和方法，通常对方会结合其他品牌去做对比，如果自家店面的产品被选作对比目标的话，那就该回去认真看看，究竟是不是如他们所讲的那样。相反，如果发现对方着重演绎的内容，自己却能做得更好，显然就对自己有利，那后期就应主动引导客户做比较，客户自然会更信服自家品牌。

最无奈的是，不知道竞争对手在跟客户灌输什么样的内容，而自家的销售顾问却在讲着自己愿意听的和愿意说的。

三、调研产品

1. 主打产品

决定客户是否选购整套产品，起到最大影响作用的是客厅组，而客厅组的主打产品就是沙发。因此调研一家店面时，应当着重于沙发，了解对方是如何介绍沙发的，如讲述它的具体角度、引用的营销故事、着重强调的重点和细节等，这些方面与其他品牌的沙发又有哪些区别。在调研时，围绕着主打款沙发，要不厌其烦地听和问，对方的销售状态越好，讲解的时间越长，调研人员获取的信息就越多。

当然除了听以外，也要亲自试坐，感受沙发的舒适度。仔细了解更多的细节，如框架的牢固程度、内部填充物的软硬程度、包饰的质感和接缝处理等，找出一些能被自己发挥使用的细节，牢牢地记录下来。遇有瑕疵，后期则可以让自己的客户去近距离感受对手店面沙发的不足之处，这个方法尤其可以使用在二次进店且处于比较状态的客户身上。

2. 饰品

饰品质量能影响店面和产品的形象，低劣饰品的危害性很大，拉低产品的档次不说，也会给客户带来不好的感受。店面必不可少地会展陈大众化的饰品，比如一只普通的相框，调研它在竞争对手店面里的标价，若发现这类相框有着明显的虚高标价，那就围绕着相框的价格组织出打击对手的话术，引导客户从相框联想到其他产品。

如果自家店面有与对手同一种或差不多样式的饰品，那标价一定要比对手低一些，价格低，话术就更直接。当然也可能样式一样，但工艺细节不一样，那就细心找出它们之间的差异，做足能延伸到家具中去的文章。

3. 关联产品

关联产品主要就是窗帘、床垫等，这些产品能够影响到客户一站式的购买决定。如果竞争对手的店面能为客户提供这些产品，了解他们是如何进行推荐的，必要时咨询一下具体的销售流程和优惠政策。如果对方没有这些产品，就向他了解这些关联产品，并询问有哪些品牌可以帮忙推荐。对方若是很热心地推荐了某个品牌，很显然那个品牌就是他们店面的异业合作方。

4. 关键产品的基本售价

客厅和卧房在客户心目中占据着重要的地位，选择产品较为谨慎，价格预算当然也是不能回避的因素。调研竞争对手店面中该类产品的基本售价，清楚知道沙发和床的具体价格，以及与必配产品的组合售价。

找出存在着明显不合理售价的产品，比如床头柜和床的价格比例不合理。有了基础的了解后，针对对方产品的价格组合，对比自己产品的价格体系来研究应对的方法，尤其是价格方面的应对话术。后期遇有竞争客户的情况时，就要能熟练使用这些方法和话术，比如比对手价高时，用适当的组合报价来淡化单价对客户的影响。

5. 产品折扣

目前家具市场上有两种售价模式：明码实价和高标低折。这两种模式，各有各的好处。调研时，应了解竞争对手店面大概的标价和折扣体系。

若正值对方重要的活动节点，当期的促销力度基本就是这家店面最大的折扣。调研时深入了解一下，如果足够幸运，还有可能打探或预判到对方是否还有更大的折让余地，这样能为自己在今后解决竞争客户的价格异议时提供帮助。

6. 产品交期

交期是指从订货到送货所需要的时间。调研时得到的交期信息该如何去利用呢？大家逆向思考一下：如果某楼盘是自己跟竞争对手共同的目标精装盘，楼盘交付时间确定后，往前倒推客户的最终购买时间。对方必然会使用产品交期和楼盘交付这两个因素作为逼迫客户成交的借口，最后的那段时间里，他们会加大联系客户的频率，这个时候，恰恰是自己不能大意的，自己也应当紧紧地跟踪好客户，不能丢单。

交期除了给店面带来以上的警醒以外，它还与产品质量有关联。如果自己销售的产品交期比对方要长，就可以着重强调生产过程中的严谨性，比如针对产品油漆的烘干流程，使用异于对方工艺细节的内容作为讲述的重点。如果交期短于对方，那就从企业的规模化生产切入，着重强调品牌的实力和后期的服务。

7. 产品改制

店面能否接受客户改制产品的需求，往小了说，能反映出站在店面背后工厂的实力大小；往大了说，能说明一家工厂对客户的服务态度。了解对方的产品能够接受的改制程度，具体到何种地步，能改尺寸还是能改颜色？能不能为沙发更换包饰面料，面料的颜色和种类够不够丰富？

收集改制产品的收费标准和具体交期信息，并与自家产品进行比较。如果发现自身有优势，后期就着重使用定制内容来攻击对方的短板，提升自己的竞争力，这无疑会增强自己的销售信心；倘若发现自身存在短板，那就想办法完善，研究出具体的应对话术进行规避。

8. 售后服务

售后服务是必须要关注的内容，调研人员要面带微笑地询问对手店面一些售后的问题，比如送货前遇到更低折扣怎么办？对方敢不敢在订单上写下有关产品的承诺？能不能开发票，是商场发票还是增值税发票？如果产品送到客户家以后，客户想要退货该怎么办？这些问题的答案，会对自身有帮助。

市场上能够为客户持续提供售后服务的店面目前不多，能提供专业保养服务的店面更少，设有专业技师来负责保养服务的更是少之又少，所以应调研对手关于产品保养服务的具体细节。俗话说，有对比才会有伤害。要坚信，比他人高出一筹的售后服务，能保证自身店面的业绩持续进步。

9. 核心材质

竞争对手店面将自己所销售的产品具体定位在纯实木、实木、实木贴皮、板材中的哪一类别？他们又如何向客户解释其中的区别？调研时，可以将材质作为突破对方的一个重点。比如微笑着去试探，要求对方在发票上注明材质的相关信息。通过他们的回答，就能了解到对方是否存在着误导客户的可能性，对手那些混淆视听的错误，就能被自己利用。了解核心材质，主要是听一听对方在选材、用材方面的细节，有过人之处的描述就值得借鉴。

10. 生产产地

工厂的营销中心和生产基地也可能在不同的地方，比如产品由OEM代加工的，不同系列产品的产地有时也会不一样，进口品牌产品还会有原装进口和国内生产的区别，这些往往容易引起客户的误会。对于国内品牌产品，适当了解国内主流的家具生产集中地，那些地方的工人师傅有传承技艺的传统，家具制作工艺较为成熟。对比一下自家品牌与竞争对手品牌的生产基地，如果自己有优势，就应该放大它。

调研细节二
市场调研的要求

上述内容讲到的是该如何去调研竞争对手,然而为了能得到更为精准的信息,对于调研,还有具体的要求和注意事项。带着清晰的目的去调研,才能更高效。

一、做好充分的准备

前去调研的人员,首先应根据拟定的调研内容来确定自己扮演的角色:是一位对家具什么都不懂的客户,还是已去过商场多次并对家具有一定了解的客户。这两种类型的客户,通常调研人员在店面也会接待到,有了角色换位的经历,后期接待客户的心态就能调整得更好。

其次应提前熟悉楼盘,假设自己是某个楼盘的业主,熟悉它的地段、户型的面积和结构。条件允许的话,最好是两人一同配合调研,互相设定好具体的角色,手上拿些资料。最后为自己找一个完美的拒绝借口,方便告别离开。

二、调研不同风格的家具

随着市场上各种风格产品的涌现,销售顾问为了学习知识,自然是需要了解它们的。因为针对不同风格,重点讲述的话术也不一样。如果自己店面销售的是美式风格的家具,可以试着去调研非美式风格的家具,目的是从对方的角度来了解他们是如何对待竞争品牌的。比如在现代风格的A店面进行调研时,在话题中引出同样是现代风格的B店面。A店面的销售顾问为了说服客户,自然会使用多种比较话术,或是直接说出B店产品的若干问题。在这个调研过程中所获取的信息,能帮助调研人员提高自己的阅历，毕竟大家不能将视线只停留在自己所擅长的领域。

客户接触到的店面和产品会越来越多，他们也会慢慢变成半个专家。销售顾问所要做的，并不一定是非要改变客户认可的风格，但作为行业内的从业人员，专业力必须要比客户高一些，这样才会让客户信服。

三、拓展调研的范围

调研不要仅局限于自身所在的商场，而要走进不同的商场；也不要仅局限于自己销售的产品领域，而要走进上下游产品的店面。比如使用调研竞争对手的那套方法，能够获取更多上下游产品的基础知识及优缺点，后期在店面遇到客户时，就能给到他们更多专业的建议。观察一下他们各自的家具合作伙伴，或许竞争对手就是他们主推的对象。当然直接以家具销售顾问的身份走进市场也未尝不可，去调研他们的销售状况，并在调研过程中尝试开拓合作资源。

除了走进去，还要尽量地走到前面，所以对前端产品，如空调、门窗、地板的调研更是必不可少的。

调研细节三
调研结果的使用

调研回来的结果，不去做分析和总结，不在店面做全员分享，就毫无价值可言。因此，经营好的店面都非常重视使用调研结果。

一、衡量自身竞争力

每一次的市场调研，都要做到全程录音，结束后组织店面全体销售顾问一起聆听。实地参与调研的员工应该从不同的角度来对比自身与竞争对手之间的差异，衡量自身的竞争力，制作调研的总结报告。这也是梳理调研内容、自身认知，以及制订完善措施的过程。

对于总结出来的自身优缺点，交由全员一起讨论。为增强自信心，应放大自己的优点，为改善缺点，应制订出具体的行动计划。同时根据调研内容，罗列出对手的弱点和最大的卖点，一起深入分析，提炼出针对性的话术，后期不断地进行情景演练，促使员工能具备熟练和自然讲述相应话术的能力。

二、设计有针对性的话术

通过调研总结，设计出针对不同客户的不同话术。比如首次进店的小白型客户和多次进店的半专家型客户，店面应当结合竞争对手的话术来设计出应对的话术。因为客户去对方店面时，他们对家具的知识了解和需求紧迫性是不一样的，相比较而言，首次进店的客户，知识量少、乱且杂；多次进店的客户知识量大，条理也较为清晰。

销售顾问所要做的，就是让客户能够接受自己想传递给他们的积极信息，相反则是接受其他品牌更多的消极信息。

三、判断客户是否去过竞争对手的店面

客户对产品的认知程度会受到竞争对手话术的影响，比如对方在接待客户的过程中会着重强调产品的某种工艺，如果客户将你的产品作为一个参考对象，自然就会额外关注这种工艺，会将此作为重点认真地与你交流，甚至在言语里会带有对方所强调这种工艺的话术。你只有经过调研后，才有可能了解这种工艺，也才会知道这是哪家店面的产品。

另外去过竞争对手店面的客户，他们会对主要产品的价格进行对比，会有着明显的言语或动作，从客户比较价格的过程中，自然也能判断出他们去过哪些店面。如果仍没有办法判断，也可以变被动为主动，不提具体的品牌名称，但说出

它们的劣势，与客户一起比较细节，以此来试探客户是否去过对方的店面。

对于去过竞争对手店面的客户，自然是要调整接待方式和话术的。

商场里不可能没有竞争对手，所以并不要整天盘算着如何打击对手，而是抱着欣赏的态度，多角度地学习对手，用对手的长处来激励自己弥补短板，以优于对手的标准来要求自己。

战胜自己，才是让自己更加强大的唯一路径。

第八章
楼盘的深耕

　　深耕楼盘是家具店面的生存之本,在本系列丛书另一本《精细化零售·内驱式增长》里有关于完成业绩的关键措施,其中就有楼盘作战的内容,介绍的是规划楼盘的营销措施;而在这里,则是侧重于深耕的具体动作。

　　为了让全员重视目标楼盘的各种信息,店面应当制作一份直观的楼盘作战地图,悬挂在公共办公区域,并将它作为日常会议的重点工具之一。

深耕要点一
制作作战地图

为及时调整深耕楼盘的方法,被悬挂起来的作战地图每天都会提醒店面员工搜集楼盘的各种信息和楼盘营销上的得失。因此,它们也会在作战地图上被一一标识出来。

① 各种基础信息:在作战地图上清晰标识出围绕着店面的目标楼盘,它们的基础信息无非就是面积、户型、户数、售价等,分析和利用这些信息的内容,在第五章金牌销售的基本技能中有重点的讲述。

② 楼盘重要系数:这个跟深挖楼盘的费用预算及市场竞争程度相关。

③ 楼盘与店面的距离:此距离兼顾到已有店面的辐射能力,如果辐射能力不足,就需要联合楼盘所在区域内的其他资源。

④ 渠道资源:在作战地图上,标识出在这些楼盘周边已有的渠道资源,比如楼盘周边的设计公司和联盟成员的店面,这样做能维护好与他们之间的关系。

⑤ 楼盘盟友:比如竞争对手已经在某个目标楼盘里布置了样板间,或者已经参加了某场业主活动等,当得知到这些信息时,也需要在作战地图上进行标识,警醒自己调整策略,加快深挖的节奏。

⑥ 老客户资源:针对分期交付的同一楼盘,搜索店面的老客户信息表,寻找先期入住的老客户,标识在作战地图上,提醒自己想尽一切办法去挖掘老客户身上的业主价值。

⑦ 每个楼盘的实时战况:比如营销活动次数、进店业主数量、意向业主数量、成交的业主数量和订单金额等。

深挖楼盘多条信息,是店面的一项重要工作,它可以帮助店面做出更为精准的决定,并加快深耕速度,从而在市场上取得竞争优势。

深耕要点二
深挖针对性资源

围绕楼盘业绩目标，制订出分人、分时间节点、分资源的深耕方法。笔者曾帮扶过一家经营不善的店面来开拓某楼盘，当时采取的是倒推的方法。本小节内容就以这个案例来阐述如何针对性深耕。

这家店面计划在8月8日开展一场店面爆破活动，为达到活动目的，就需要有一定数量的目标客户，因此店面从6月底就开始着手梳理潜在的客户，结果发现客户数量远达不到活动的要求。在这种情形下，就计划深耕一个尚未交付的精装楼盘，为此拟定了目标，就是尽快与多数业主见面，邀约他们进店了解产品，最终在爆破活动时实现成交。

目标有，实施的人和时间节点也有，然而计划虽好，关键还得行动。经过分析，笔者发现并没有现成的资源可以帮助到店面，无奈之下，大家只得开动脑筋，迅速行动，以下内容是具体的行动措施。

一、多角度搜索资源

关注该楼盘的微信公众号，从公众号文章里搜索出有价值的信息。笔者在阅读楼盘公众号的历史文章时，发现该楼盘在半个月前，组织过一场关于空间收纳的业主沙龙活动，并邀请了当地电台的某女主持人参加。

恰巧店面负责人曾经与这位女主持人一起参加过其他的活动，彼此互为微信好友，所以负责人就立即着手联系她。对方告知那场活动是由某第三方活动公司组织的，眼下如果需要与楼盘开展活动，建议店面负责人与该公司洽谈。

二、结交资源

结交第三方活动公司，在双方见面时就提交了活动策划方案，内容是"对话软装"，并交由对方落地执行。为了促成这场活动，该公司也为我们引荐了楼盘的营销人员，这样一来，当前的活动就有了官方背书，也有利于店面邀约客户。

该活动公司前期组织过业主活动，所以他们留有部分业主的信息，于是请对方介绍其中的热心业主。通过赠送礼品，热心业主将店面工作人员拉进业主微信群内，入群的员工迅速复制所有群内业主的微信号，并分派全员按微信号逐一添加好友。

三、探寻业主群

寻找业主群内更多的介入点，重点关注群主，发现其微信号内留有QQ信息，搜索QQ号得知对方从事的是广告制作业，于是以制作活动物料为由与其取得联系。后期与该群主见面洽谈，对方愿意在业主微信群内为店面的活动做宣传，并在活动前组织业主前来探店。

每位员工都向各自成功添加微信的业主传达了探店和对话软装的活动内容，并利用随手礼吸引他们在软装活动前参加探店活动，先感受产品。

四、微信推广延续性的文章

店面微信公众号制作3篇内容具有延续性的微信文章，如所有户型的解析、不同风格的搭配方案和套餐活动内容，精准推送到所有复制下来的业主微信号，结果显示3篇文章的阅读量有持续的大幅度提升。

五、结交楼盘工作人员

主动结交楼盘方的工作人员，上述由第三方引荐是可行的，前往楼盘现场的陌生拜访也值得尝试。相识之后，即使不能开展官方合作，也可以迂回合作。案例中，店面通过与楼盘营销部的沟通，了解到另一家与该楼盘保持长期合作的广告公司，店面迅速联系上对方，咨询现有的小区广告位，以及楼盘交付活动的计划。

六、与一线员工互动

通过楼盘置业顾问团队内部的意见领袖，在一周内迅速组织店面销售人员与楼盘售楼人员进行互动，沟通推荐政策，请他们帮忙转介绍有产品需求的业主。实际上，在活动落地前，店面就陆续接到不少客户信息的报备。

以上这些行动措施，其目的就是深挖楼盘的业主信息，接触到更多的业主。实战中，还有不少其他方法，只要勤于思考，多跑动，就能发现机会。

当然，每个楼盘都有不同的时间节点，上述案例中的楼盘处于交付前，即使这样，我们也发现有不少业主已经选定了家具。显然，这次行动的时间节点不对，有些滞后了。

店面深挖楼盘的行动，如何变得速度更快，效果更精准呢？这就需要店面能紧紧跟随上楼盘的各个时间节点，精准策划，提前行动。

深耕要点三
不同时间节点的深耕行动

楼盘深耕，关键在于围绕着楼盘的全部时间节点做足功课，每个节点的营销动作都有内容的衔接，并保证延续性。通常的时间节点有：开盘、销售阶段、工地开放日、业主见面会、交付阶段。

不同的节点，业主接收到推销信息的频率不同，因此戒备心理会有变化；对产品需求的迫切性不同，因此关注点也会有变化，所以在各个节点中所采取的深耕行动自然也是有区别的。

一、开盘节点

了解新开楼盘的开发商的信息，搜索它在当地开发的其他楼盘，研究这些楼盘的特点和优势，比如是否为合作开发的楼盘、通常合作的物业方以及主要的业主群体等。在楼盘微信公众号的文章里梳理以往的活动内容，了解它做过哪些营销类或是回馈业主类的活动，从中寻找到能够借力的资源或合作机会。在开盘时，具体可以做的深耕行动有以下几点：

① 与开发商沟通好，利用开盘的机会为活动提供奖品、随手礼和产品宣传册。这样做，能够让品牌和产品提前与准业主见面，实现销售前移。因为能与开发商合作的品牌，必然是值得信赖的品牌，所以准业主们也能感受到品牌的力量。

② 多途径收集准业主信息。以官方合作的身份参加开盘活动，设想能体面地收集准业主信息，但绝大部分的情况却并非如此。往往开发商在开盘时根本无暇顾及合作对象，他们甚至为了保证楼盘形象，根本就不允许植入其他产品的宣传，那该怎么办呢？这些参加开盘的准业主们，他们即使没摇到号，也极有可能会购买其他同质化的楼盘。最直接也是最接地气的方法，就是带领团队去开盘现场寻找机会，比如在停车场观察到场准业主的车辆，逐一记录车内的挪车电话号码，收集到准业主号码后，就能计划出针对性的深耕行动。

③ 在开盘现场收集置业顾问的联系方式，想办法结识他们。活动结束后就开始联系，增进双方的互动，为他们提供方便推荐产品的方法，或者从他们那里直接获取购房业主的信息。

④ 进一步了解有无样板间，如果此时还有官方样板间的合作机会就完美了。在开盘结束后，去结交对方的管理团队，哪怕从基层开始往上认识都可以，只要将能够免费提供样板间产品的信息告知对方，即使对方已经有了合作的品牌也无妨。

针对开盘楼盘，在深挖时，要充分考虑到对方的需求，以及自己能给对方的帮助，不断寻找变化，不断地问自己有没有继续与楼盘合作的可能性？

二、销售节点

楼盘销售阶段，大部分店面还没有去联系那些刚刚购房业主的意识，业主们接到的销售电话并不多。此时你去向他们灌输品牌和产品，相对容易些。

❶ 联系楼盘的置业顾问，尤其重视与他们中的意见领袖保持互动，搜集信息，包括地产、物业、业主和其他品牌的信息，在这个阶段要想尽办法避免其他竞争品牌的加入。

❷ 搜索楼盘意向业主的QQ群，匿名加入后，记录下群内成员的QQ号码，主动添加微信好友，围绕着业主在此阶段感兴趣的话题，组建业主微信群，使用各种方法逐渐积累群友数量，积极开展线下活动。

❸ 关注楼盘官方的营销活动，他们基本上在每个节假日时都会有相应的活动，联系楼盘营销和物业人员，想办法参与进去。如果与他们还未熟悉，就尝试通过第三方活动公司的途径去组织。

❹ 联合楼盘官方一起举办具有话题性的活动。笔者曾经在一个省会城市，与某地产方举办过"让样板间如时装般换季"的话题类活动。据对方描述，参观样板间的客户里至少有30%的人对样板间效果是不满意的，另外大家会对样板间产生审美疲劳，如果换换风格和感觉，也能给置业顾问提供再一次邀约意向客户的借口。就从为已购买业主提供增值服务的角度出发，样板间换换风格，也能让业主了解到更多的家居风格，这些其实也是地产营销部门所需要的。让开发商自己买几套家具，肯定不现实，因此就需要有家具供应商与其合作。

❺ 寻找更多的合作伙伴，用务实的一站式优惠和服务提前去影响业主。在这个阶段，深耕活动不能拘泥于产品本身，而应本着为业主考虑的态度，站在行业的高度上思考活动的方向。持续在店面、售楼处或是第三方场地举办各种类型的活动，将留资、进店、成交、口碑宣传这几个围绕着客户的环节形成一个闭环。

三、工地开放日的节点

工地开放日是开发商为交付楼盘做的准备,避免在实际交付时,业主对房屋交付质量产生异议,影响收房或是导致群体事件的发生,因此在交付前的某段时间,分批邀约业主来楼盘现场参观。

有营销意识的开发商,在这个阶段就开始向业主营销产品了。笔者朋友负责某地产的拎包项目,他们在前期就会寻找门窗、洗衣柜、晾衣架、窗帘、家具这些产品的供应商,以及阳台和衣帽间改造的服务商。工地开放日当天,他们会在业主必经之地搭建产品的展示区域,并允许商家宣传和派发资料,做得更到位的还会主动为商家介绍客户,牵线业主达成样板间合作。

实战中,笔者曾参加过某楼盘的工地开放日活动,对一些细节记忆犹新。门窗供应商在现场展示了两套产品,并贴有"业主团购群"的二维码,邀请业主进群享受服务。因为他们在前期就很好地配合了地产项目小组的工作,所以获得了不少官方的协助。许多业主看到有地产项目小组的推荐,产品的价格也适中,所以纷纷进群。开放日结束后,他们逐一邀约微信群中的业主到样板间里参观门窗产品,之后邀约进店体验,最终通过爆破活动实现成交。

开放日或许也是各个商家之间的第一次见面时机,大家可以组建一个商家微信群,如同品牌联盟的形式,围绕着这个楼盘一起建立合作机制,实现共赢。在上述案例中,笔者所在的品牌也是合作商家之一,通过项目小组的协调,我们的销售顾问也进入到这个门窗团购群,并成功邀约了不少业主进店。

开放日所有行动的目的就是宣传品牌、结交异业、寻找样板间、添加业主微信,或是进到业主微信群中去,在最短的时间内邀约客户参观样板间或进店体验,最终实现快速成交。

四、业主见面会的节点

业主见面会通常在楼盘交付前的一个月左右举办,表面上这是一场邻里互动的活动,其实则是开发商在整合了众多商家后,将业主集中起来的展销会。

在这个过程中，低客单价的产品会推出超值套餐，直接收取客户的意向金或订金；而高客单价的产品，还会采取另一些措施，比如定金升级，或是通过订购小件产品来锁定客户。

为促进活动的成功，开发商必须使用官方的邀约方式，并提供丰富的奖品和足够的优惠来吸引业主，以确保到场的业主数量。活动现场为合作商家提供专门区域进行产品的实景化展示，并安排商家代表就产品质量、价格、订金等业主关心的问题上台做出承诺。邀请业主中的意见领袖上台讲话，为活动做背书。

对于合作商家，如果参加业主见面会，要充分考虑以下几点：

① 活动目的。必须明确自己在活动现场能够做到或是想要做到的内容。

② 现场展示区域的布置。展示产品的选择从能代表品牌风格、能突出品牌优势，或是能吸引客户眼球、能影响客户后期抉择等方面来考虑。家居饰品的展示也应最大力度地完善，如果有外接电源，应当充分利用，配上电视机，播放宣传视频，营造出声、光、电的效果。

产品展示位置尽量选择业主进门区域，确保业主入场时就能看到。背景桁架要高，画面须精心设计，在展示产品旁边摆放展示牌，上面应有品牌的标志、公众号二维码以及业主团购群的二维码，如有需要还可以布置团购套餐和诚征样板间的展示架。

③ 销售工具、产品组合的团购套餐概述和优惠条件。根据参会人员配置平板电脑，并确保含有各产品照片、户型图和设计方案。含有品牌介绍、店面规模和产品的宣传图册、名片、空白订单、收据、礼品券等。

④ 随手礼。尽量选择大包装来吸引客户眼球，利用他们的趋众心理，让他们主动来展示区域领取，这样做也可以避免因现场管控过严，而不能高效抓取客户信息的弊端。

⑤ 销售话术针对特定内容展开，如关于店面其他风格产品的介绍、简单易记的店面地址、该楼盘业主购买的优惠、当天交款的优惠力度、样板间的合作条件，以及邀约业主立刻进店参观的核心要点。

⑥ 业主团购群。策划当天进群的福利政策，现场宣传进群的方式。

⑦ 现场注意事项。工作人员须着职业装，胸口处贴有品牌标志，可适当佩

戴工作牌。活动开始前，一部分人员在外场区域截留业主，派发产品和活动的宣传资料，引导客户来产品展示区域参观；另一部分人员在内场，指定一名人员在展示区域发放礼物，邀请客户进群，其他人员争取能与客户单独沟通，添加微信。若能在现场收到业主的订金，操作时务必快捷且让对方感到放心。

⑧ 激励措施。为促进活动目标的达成，为参加的工作人员设置激励措施，如设定个人和团队的留资数量目标及达标后的奖励。后期再针对客户进店的数量以及成交订单的分配比例来设定奖励，以刺激店面员工积极参加活动。

深耕要点四
样板间营销

楼盘主要的深耕方向应放在样板间上，因为样板间最能吸引业主，店面也能通过它开展最直接最有效的宣传和营销，下面的内容就着重介绍样板间的获取和使用方法。

一、样板间在交付前的利用

1. 获取样板间信息

楼盘交付前一段时间，物业会介入到业主工作中，物业管家和项目负责人因此会了解大部分业主的信息，包括业主的年龄层、购买力、用途（是自住或出租）。营销时，请其协助筛选出当下就有家具需求的业主，或是能够合作样板间的业主。当然在前两个节点，即工地开放日和业主见面会时，就有可能确定好了有意合作样板间的业主。

2. 打造样板间

为方便业主参观，样板间尽量选择在低楼层，且尽量在交付前完成布置，如无法实现，也应当在交付当日就完成布置。

样板间的布置效果，强调所见即所得，既能给客户实景体验感，又能促使他们对空间进行想象。样板间要使用最能代表品牌特色、最符合楼盘风格和业主消费习惯的产品。如果样板间需长时间使用，店面可以进行适当的备货，避免展示产品被业主买走，破坏店面的展示空间。

为了营造良好的家居氛围，应当丰富样板间的饰品和日用品，软装饰品可以与异业商家合作，在样板间开放时，以店面的名义设计出打包价向客户推荐，但注意饰品打包价和家具打包价的比例不能失衡。零食、水果、水壶、鞋套、拖把、抹布、电视机、绿植等营造生活氛围的日用品，样板间里一样都不能少，电视机不停播放企业宣传视频和不同的设计方案。

样板间内除产品以外，还须配置纸质版的户型图、设计方案宣传册和展板等销售工具。

3. 推广样板间

宣传的基本物料包括小区道路两侧的广告牌，大堂桁架和指引地贴，楼道和电梯间的喷绘、展板、门贴、地垫、阳台玻璃贴等，从小区到样板间内部进行全方位的宣传覆盖。

为样板间准备多种不同风格的设计方案，以网络宣传为主，通过店面微信公众号群发设计方案，开展样板间线上评比和点赞活动等。通过个人自媒体进行推广，组织已添加微信好友的业主，在业主群内多频次转发设计方案。

4. 设计接待流程

制订灵活且统一的样板间接待流程，致力于将样板间做成一家店面，让客户能在样板间里逗留足够长的时间，为促成业主在交付时能来参观样板间，组织针对性的话术。

5. 维护楼盘一线服务人员

在楼盘交付前就应了解物业管家的数量，派专人对接和维护，尽量从对方那里了解到业主的年龄层、购买力和联系方式。顺势引导物业管家推荐自家品牌或店面，将对方转化成兼职业务员也未尝不可。鉴于地产会严格管控物业管家，所以要尽量帮助对方探索出推荐客户的好办法。

楼盘项目负责人在楼盘交付前就会掌握业主的具体信息，店面指定人员与其对接，维护好关系，以便在交付前、中、后期均能获得更好的支持。

二、样板间在交付中的利用

一个精装楼盘在经过前几个营销节点的深耕后，不少业主会早早就确定了家具，等到交付时，或许只剩下不到一半的业主还有需求。业主收房后，势必面临着家具需求，此时即使只剩下为数不多的业主，交付活动仍是各商家挤破头都想参加的。如果在交付前就布置了样板间，那么深耕的核心还是围绕着样板间做文章。

❶ 在交付阶段，要让样板间发挥好效果，规划业主必到样板间参观的流程，如跟物业协调好，将交房的某一个环节就放在样板间内；也可以提前与验房人员联系，为他们设定带客奖励；另外，请物业管家尽量将样板间的所处位置和风格提前告知收房业主。

在交付现场，凡是业主必经之地，只要能有机会与业主碰面，都要主动出击，邀约其参观样板间。如果样板间内有异业产品，也应适当要求异业伙伴在交付期间通力合作，制订带客参观样板间的数量目标。

❷ 集中联系已有联系方式的业主，他们可能是自然进店的、异业推荐的、在业主见面会和工地开放日活动时添加微信好友的，甚至是先前参观过样板间的。在交付期间，频繁邀约对方到样板间来领取专属礼品。

在这些业主当中，自然会有一部分关系维护得较好的业主，邀请他们转发含有样板间信息、设计方案、活动内容的文章。必要时，通过微信集赞的方法，在交付期间为样板间造势。

❸ 使用表格工具重点登记参观样板间的业主信息。参观样板间的每位业主都要留下基础信息，并详细登记，这样才能将工地开放日、业主见面会、交付日这3个时间节点的活动充分联动起来。

特别重视在3个时间节点中都碰到过的那些业主，双方见面的次数多了，彼此会产生一丝亲近感，所以不妨跟这部分业主多聊聊，兴许能有其他的收获。

三、样板间在交付后的利用

楼盘交付后的第一个周末，会有大量的业主返回楼盘，因为他们会带着家人近距离地参观一下新房。如果此时有销售顾问重点对待的话，就会有意想不到的收获。

❶ 首先根据小区的交付和入住率等实际情况，合理安排店面人员到样板间值班，期间使用来访业主登记表对样板间的工作进行管控和总结。

❷ 利用与物业的关系，为物业在楼盘公共区域制作公益广告宣传牌，或设置公益服务点，植入样板间的宣传，以此指引业主们在交付后参观样板间。

❸ 样板间在交付后还可根据分批交付的情况滚动使用，免去重新寻找样板间的困难，并与异业合作商家持续在样板间内组织各种活动。围绕着业主在交付后最感兴趣的内容，在样板间内组织半公益性质的活动，比如为样板间更换风格，由物业牵头的增值公益活动、软装咨询、材料和环保知识的讲座等；为业主提供赠品，业主凭有效证明可到样板间领取"搬迁福袋"礼包，内含实用的日用品、团购优惠券、设计的套餐方案等。

以上各种活动，最好能通过楼盘的官方渠道向业主发出邀约，其次是物业方的个人代表以及异业商家和自己的店面。

❹ 邀约本楼盘或邻近楼盘的意向客户来样板间看方案或洽谈订单。如果样板间距离店面不远，一旦在店面遇到犹豫不决的客户，就迅速带到样板间，让客户亲身体验家具的入户效果，消除疑虑。

❺ 在店面内持续做好样板间的宣传，设置好业主进店领取礼品时的额外要

求,如在朋友圈和业主群推送含有店面信息、产品照片、设计方案的文章或链接。店面为其准备具体的统一格式的文案,延续品牌在该楼盘的影响力。

深耕要点五
日常扫楼

扫楼是店面的无奈之举,面对某个目标楼盘时,如果没有任何资源和任何有效的措施,那就只能靠扫楼。

笔者也亲自经历过扫楼,总结到的经验教训就是:早去、常去。早去和常去能增加碰到业主的机会。

❶ 扫楼的最佳时间段是每天的上午10:00—11:00,下午的3:00—4:00,因为这两个时间段最容易碰到业主。

❷ 扫楼碰不到业主的情形比比皆是,很多销售顾问认为去现场能碰到装修师傅,这没错,但装修师傅通常没有业主的号码。也许很多销售顾问还会在现场留下宣传资料,实际上作用却不大,所以最好的办法还是经常去。

❸ 记录楼盘里正在施工的房号、户型,以及张贴的设计公司和设计师信息。在现场就联系对方,洽谈合作。如果有自己相识的,或是有朋友能搭上线的,那就好办些。

❹ 在扫楼的过程中会结交一些异业伙伴,大家一起共享信息,这也是一种收获。

很多负责扫楼的员工,每天都非常辛苦,为能见到一位业主而耗费不少的精力,所以店面更要好好珍惜每一位来之不易的进店客户。

深耕要点六
关于地产合作案例的思考

在结束本章前,引用一个实战案例来叙述店面如何跟地产物业开展合作。以下是笔者从在北京与某知名地产物业洽谈全国性合作时的思考中选取的几个要点,供大家参考。

一、关于样板间

地产方能否以购买的形式来开展官方样板间的合作,可采取分期付款,或是在样板间使用后的折让购买方式。能否推荐有合作意向的异业品牌,共同开发联盟形式的样板间。能否在规定的期间内提供业主资源,协调促成业主样板间,并在整体交付前,先期交付该样板间。能否协助邀约业主参观样板间,并保证到场业主的具体数量。

对于合作的样板间,双方都应当重视自媒体的宣传,协商好宣传的具体形式、内容和频率。

二、营销活动合作

楼盘处于销售阶段,对方组织准业主沙龙活动时,能否认同双方紧密合作的关系,邀请我方参加或联合举办。交付前3个月,双方持续举办沙龙活动,以业主增值服务内容为主,对方应大力支持并促成业主参加活动。作为工地开放日、业主见面会和交付活动的唯一合作品牌,给予我方充分的现场支持,在业主的行进路径中增加我方品牌的出镜率。

三、员工间的合作

对方应向置业顾问强调双方的合作，促成双方员工之间良好的对接。在楼盘销售期间，置业顾问针对性地学习我方产品。在销售楼盘的过程中，尽可能地支持和鼓励他们在恰当的时机推荐我方产品。针对已购买房的业主，能否主动向他们派送我方资料；同时我方准备多种含有品牌标志的礼品供楼盘销售现场及客服部门使用。

四、媒介资源

对方应主动向我方提供楼盘内的媒介资源，优先向我方开放广告位置的合作，并确保内容的排他性。对方在自媒体平台上对双方的合作进行宣传，在业主微信群内推送我方的设计方案。针对非电子类的宣传资料，对方应利用机会派发给业主。

这份合作想法，对于家具商而言，实现的难度不小，毕竟地产商属于强势地位。双方的长久合作，共赢才是根本。既然要求对方这么多，那我们能为对方做些什么呢？只要能让对方觉得是等价的交换，就有可能实现我们的想法。思考这个答案的过程，会对自己在今后深耕楼盘有很大的帮助。

第九章
发挥品牌联盟的长效作用

　　加入品牌联盟可谓是店面赖以生存的基础。然而,当下的品牌联盟是比较松散的,大家互动的方式通常是一线销售顾问相互分享一下客户信息,或是联合组织一场简单的爆破活动。

　　任何流于形式的品牌联盟,如果没能激发出各成员的更多能量,就会导致资源的浪费。

方法一
完善选择联盟品牌的思路

进入联盟的品牌，不能简单凭着个人的喜好，跟谁好就选择谁，而应该基于理性分析，选择适合自己品牌或店面的联盟品牌。

一、根据客户需求选择品牌

在每一个品类中找一家品牌组成一个联盟，道理虽是如此，却没这么简单。假设购买某个品牌瓷砖的客户，其中70%以上的客户都不想选择联盟里的家具品牌，那该怎么办？答案会很无奈，就是尊重客户的选择。因此，在联盟组建之初，就要考虑到客户的转化率，联盟品牌的选择不能仅仅凭着感觉和经验，而要切实基于客户的购买意愿。

应先分析一下店面的数据，研究下成交的10位客户在其他品类里的消费，分别选择了哪些品牌。试着从日常经营中收集这些信息，虽然这看起来似乎与自己并不相关，但是却能让店面站在客户需求的角度上，优先选择出合适的联盟品牌。

是否需要对同一品类设置排他性呢？需不需要考虑另外一个品牌呢？品牌之间有什么本质的区别呢？如果还是基于客户的需求，就应当再选择一个有差异的同品类品牌，这样才更有利于客户的选择，联盟的价值才会更大。大家可别认为这样做会对同品类品牌产生伤害，其实不然，只要还没有垄断某一品类市场的能力，所有品牌都应该抱有共赢的态度。

二、根据联盟文化选择品牌

谷歌执行董事长埃里克·施密特在《重新定义公司：谷歌是如何运营的》一书中，一开始谈到的就是组织文化。一个组织能否持续发展，得看它有没有鲜明的组织文化，能否吸引创意精英的加入。同样的道理，品牌联盟是一个组织，如果具有鲜明的文化符号，自然也会吸引那些认可这种文化的品牌加入，所以品牌联盟也需要文化。

回归实战，所有经营者都了解一个道理：销售产品首先要销售它的文化。只有升级到销售文化，才是最高级、最有效的。品牌联盟何尝不是一件产品呢？想要让客户接受它，就应当塑造出它的文化。品牌联盟有了文化根基，它的影响力才会深远。

比如某家商场里，有这样一个品牌联盟，它的文化符号是"岁月"，各个成员都是各品类里与商场同龄的品牌。岁月沉淀下来的历史，就是它最强有力的名片背书。可想而知，多年下来，各品牌拥有的不仅仅是老客户对产品的认可，还有客户对店面、销售顾问甚至经销商本人的认可，这样的联盟组织，有足够的能力去影响客户的选择。

三、参考外拓能力选择品牌

联盟成员的需求都是获取持续不断的进店客流，大家都希望其他成员能给予自己更多的帮助。但一个品牌联盟里，不能全靠其他品牌成员帮自己带单，自己也要同样具备外拓市场的能力。好的联盟里，各个成员都有自己的外拓团队，外拓团队里的这些员工彼此相约一起去深耕市场，及时共享市场上的各种信息，讨论出一些实用的外拓方法。

考虑其他成员是否具备外拓的能力，如果没有，就应慎重选择。如果是自己没有，又不想被联盟踢出局的话，就应当加强一下外拓能力。

方法二
委派专人管理联盟

常有联盟委托活动公司来帮助成员组织爆破活动，活动公司考虑的重点是一场活动的成绩,并不会对联盟有更长远的规划。活动本身就有目的的主次之分,一场活动产生的订单数据固然重要,但通过这场活动,联盟成员还要思考几个现实问题:

① 能否帮助联盟成员走进目标楼盘,对接其他资源,并持续深挖?
② 能否帮助联盟成员优化蓄客、荐客、促销建议以及成交的个性化方法?
③ 能否帮助联盟成员培养和锻炼出合格的外拓人员?

诸如此类的问题,活动公司或许并不会考虑。品牌联盟原则上有一定的专用费用,因此不妨转变为设专人管理。作为整个联盟的管理者,首先,他必然要注重塑造联盟的口碑和文化,不会仅从某个品牌的角度开展工作,他的工作方向应该是帮助联盟组织持续获得稳定的业绩。其次,每次活动也不只是考虑眼前的业绩,在设计联盟活动的内容和形式时,应考虑到活动的主次目的,让每场活动都能有延续性。

方法三 掌握品牌联盟的运营细节

一、积极宣传联盟的符号

运营重点之一就是确定联盟的符号,这个符号基于联盟品牌的选择思路,是所有组织成员共享的优势。精心设计它的画面,一旦将这种优势营销成一种符号,这幅画面出现在每一个品牌成员的店面,并且得到大家的积极宣传,这样,这个符号就能深植于客户的内心,并会引导他们的选择。

二、设定清晰的优惠措施

各个品牌清晰罗列出能够给予联盟客户的优惠措施,所有联盟成员都确保能知悉,大家对具体的措施都能保持统一口径,这是联盟形象的基础,也确保每位客户能真正享受到联盟给予的实际优惠。

三、严肃对待保密规定

因为联盟成员之间存在着客户信息的分享，客户信息一旦流失出去，就极有可能会损害成员之间的利益，所以对于客户信息的保密就至关重要，大家都必须严肃对待，在各自店面不断地强调。

四、确定推荐奖惩机制

大多数联盟组织最后解散的原因，不外乎是彼此之间没有严格的奖惩约定，在客户互推的环节产生了障碍。因此，在组建联盟之初，要根据各自的经营特点和实际情况，一起协商出具体的互推措施和目标，并为它们设定可量化、可执行、可检验的奖惩机制。

五、确保有效的互动

① 组建联盟成员一线员工的微信群。

② 每周组织一次不同员工的走店沙龙，互相学习产品知识，并接受主办店面的考核。

③ 统一印刷含有品牌联盟符号的宣传物料，如产品展板、手册、优惠卡等，并规范各成员店面具体的摆放标准。

④ 确定目标，比如要求各成员每周分享客户信息数量、带客进店批次、共同家访量房批次、联盟产品进入设计方案的数量、单店派发品牌联盟宣传资料的数量、出售联盟优惠卡的数量等等。

⑤ 制订微信公众号发布联盟信息的标准，规定各成员店面微信公众号定期发布含有成员产品的软文广告。

⑥ 联盟成员的核心代表每周至少召开一次总结会议，共享楼盘、设计师、

媒体资源、活动等信息，共同分析阶段性的进展；共享各自客户配套非联盟成员品牌的数据信息，群策群力，拟出下一步的优化措施。

⑦ 针对各成员的一线员工，由联盟安排培训老师，定期组织培训，提升他们的销售、外拓、服务等技能。

⑧ 尽可能互帮，适时植入到彼此的单方活动中。

⑨ 每季度至少组织一场全部成员参加的营销活动。

⑩ 合力外拓，共享外部广告资源。

六、保持适时的监督

陌生客户拜访成员店面，是一个不错的方法。联盟应不定期地组织陌生客户实地拜访各个成员的店面，并对照着需要关注的重点内容，检查成员对联盟组织的配合程度，做到及时通报、及时整改。

七、建立成员之间的帮扶机制

联盟组织的每位成员，或多或少在某些方面有着独特的成功经验。大家彼此交换下手中的"苹果"，真诚地帮扶其他成员，也是联盟组织核心价值的体现。为此，应建立起成员之间的帮扶机制，优秀的成员每月至少帮扶一位其他成员提升某个业务技能或帮助协调某个资源。

八、制订加入和退出机制

新成员加入联盟组织，犹如新进员工进公司一样，组织要对新成员进行一定的审核，只有得到其他成员的共同认可，才能获得正式成员资格。当然，最后还要在联盟内部营造加盟的仪式感，让新成员对联盟有敬畏感。

有加入，自然也应该有退出。和加入联盟时一样，成员的退出也应该有一定的规范制度，随意的退出制度会让其他成员觉得联盟组织过于松散，危害联盟的整体运营。

方法四
举办合作互惠的走店沙龙

　　成员之间互推客户,通常的形式是彼此分享客户信息,或者向客户简要推荐某个品牌,并没有使用针对性的话术来突出其他品牌。这不能算是精准的推荐,毕竟最终还是把客户推向了市场,这是因为成员之间缺乏深度的了解,许多成员的销售顾问对某个品牌的了解也仅限于名称、产地、风格。

　　走店沙龙就是为了解决这个困扰,联盟成员要坚持定期组织这个沙龙活动,让联盟里的每位销售顾问都能走进各个品牌的店面,去实地接触各个品牌的产品和文化。增加深度的了解,要从原来只知道某个品牌好,转变到知道它到底好在哪里。只有这样,彼此才会有更好的推荐话术。

　　然而,这种定期组织的走店沙龙,不能变成走过场的形式。走店沙龙是为了让各联盟成员的员工们加深对彼此的了解,从而迎合和把握客户的需求,进行精准的推荐。定期举办的沙龙可以由各个品牌轮换举办,分别在各自店面,介绍品牌文化和服务内容,演示产品细节,详细讲解差异化的优势。其目的就是一旦捕捉到客户有某个品类的需求时,联盟成员能先行一步,先从品类方面进行较为专业的阐述,引导客户向自己主动询问在品类里哪个牌子更适合他们,从而推荐出联盟中的品牌。这种方式的品牌推荐,对于客户而言,显得公允、专业,不会引起他们的猜疑和反感,甚至还会觉得这是店面提供的增值服务。

一、成功组织走店沙龙的重点细节

① 当期主办成员的负责人必须参加,以表达出自己对沙龙活动的重视。

② 当期主办成员带领所有参与人员参观店面,逐一介绍品牌文化、消费的主力客户群体、产品细节,以及与同类品牌的差异。

在这个过程中，参与人员须认真学习，犹如在学习自己店面的产品一样，并接受考核。为确保考核过程不是走过场，不流于形式，在组建品牌联盟之初，须将考核要求列入联盟的互动措施里，从而引起各成员的重视。

❸ 店面座谈交流时，参与人员发表自己对主办成员的店面和产品的认知，以及分享自身曾成功带单的案例。当然也可以分析推荐时的困难点，大家群策群力，提炼出有利于推荐的方法。

❹ 接近走店尾声，组织小型的互动游戏或趣味主题活动，如店面手工艺制作活动或聚餐，以吸引参与人员的兴趣，增进成员间的友谊。

走店沙龙，其实也是为了增加联盟成员的见面机会，大家坐下来聊一聊，及时互通有价值的信息。

二、成功组织走店沙龙的实用经验

上述互动措施都是常规方法，没有新颖之处，为了帮助大家能对品牌联盟的运营细节有更好的了解，下面就分享一下实战中，笔者是如何对待联盟成员的。

笔者在多年实战中，自己店面组织的单方活动，除了要完成自身既定的活动目标以外，通常也会设法帮助联盟成员，尽可能邀请适合的成员参加活动，主动设计好植入方式。比如，规划出局部区域用来展示对方的产品，允许对方员工参与到活动中来，当然会提醒他们不能喧宾夺主。活动正式开始前，选择性地插播对方的宣传视频，主动使用对方的产品作为活动奖品，在客户的随手礼里植入对方的宣传资料。倘若在外拓中遇有深耕楼盘的机会，则是尽可能地带上对方一起参加，比如共用一幅广告画面、一起合作样板间等。对于线上营销，也会在自家的微信公众号里分享联盟成员的产品或活动信息。

虽然已经主动尝试这些方法来帮助其他成员，却也深感并没有做得尽善尽美，但无论怎样，只要自己真心实意地付出，只要先敞开胸怀去拥抱对方，就有可能获得自己想要的回馈。

第十章
高效执行线下营销活动

  线上渠道分流了客户,地产拎包入住的项目又带走了一部分客户,可见,实体店面无法轻易地获取到客户。

  不仅如此,一些懂得未雨绸缪的店面,也早就想尽一切办法赶去最前沿的"阵地",举办各种以获客为目的的外场活动,从而让品牌提前与客户见面,然后有节奏地组织爆破活动,邀约客户进店,最终实现成交。

高效执行要点一
对营销活动的理解

大家居产品属于低频高单价消费产品，客户非常重视线下的体验感，因此销售过程注定要从找到精准客户开始，到体验，再促进成交。举办线下活动是帮助店面寻找客户的一种途径，是维护潜在客户的一个理由，也是促进成交的一种方法。

期望店面有不断增加的新客户，品牌的口碑宣传至关重要，因此外场活动已不能拘泥于有购买需求的客户，而要积极介入到各行各业中，通过各种植入方式来提升品牌的市场影响力，让客户记住品牌的符号，从而培养潜在的客户。

所有的外场活动，只有围绕着楼盘组织的外场活动才能精准获取有效客户，通过活动提前与业主见面。楼盘营销节点不同，活动的组织方法和目的也不同。

内场活动是在自己店面组织的活动，如蓄客沙龙、销售爆破类活动。组织内场活动，应当事先细分具体的目标，之后策划出匹配的活动环节。

对于任何一场活动而言，不管是外场活动，还是内场活动，本着活动收益率的要求，须细分出活动的多个目标，并区分出它们的主次。比如，外出举办楼盘活动，主要目标如果设定为活动后一周内获得一定数量的进店业主，那么次要目标就应设定为活动现场添加一定数量的业主微信。针对一场以签单为主要目标的活动，那么次要目标就设定为让一定数量的客户缴纳意向金或订金，甚至更小的细分目标是一条活动微信文章达到一定的阅读量。

以上案例是想说明活动成果是需要细分来看的，根据不同目标策划出活动细节，因为要清楚活动所需达到的目标，才能匹配出能够促进目标达成的活动环节。活动结束后，再根据所有的细分目标，检查达成结果，并复盘活动过程。

高效执行要点二
影响活动成功的9个要点

一、活动设计

1. 规划活动节点

店面会根据品牌方年度的活动安排,理解和吸收每场活动的意义,再结合自身的实际状况,规划出具体的活动节点,将活动意识提前配套到位。

品牌方有各种品牌纪念日、新品发布会、黄金期的总裁签售等活动;家居商场会根据节假日组织活动;竞争对手也有自己的活动节点。对于这些活动的时间节点,店面要掌握清楚,规划好能够衔接的活动节点,比如年度店庆、重装升级、老客户回馈等。

2. 设计活动的3个角度

店面应站在客户角度、销售顾问角度以及竞争对手角度去设计活动方案。假设自己是客户或销售顾问,思考他们希望从活动中获得何种利益;假设自己是竞争对手,思考最近希望开展何种针对性的活动。在这个思考的基础上,积极与品牌方沟通,组织店面人员充分讨论,设计出适合自身现状、方便操作、接地气,且在市场上具有竞争力的活动方案。

3. 做好活动的延续性

每场活动都应不忘考虑与下一场活动做好内容上的衔接,让这场活动能够为下一场活动做好铺垫,从而产生延续性的效果,这就涉及活动主次目的之间的联系。

4. 细化活动方案

按照需求，细化出对外的宣传方案、指导内部高效执行的深化方案，它包含着分工明细和注意事项等内容。

二、活动资源

店面应提前协调和准备各种活动资源，不能被动等待！

1. 客户资源

假设店面计划在9月开展活动，提前与观望的客户成交，那么从8月就应当开始有意识地收集此类客户资源。十一假期期间被释放出来的精力，就组织以签现单和获取下场活动的潜在客户为主，当怀着这样的目的去策划十一活动，反而能收到意想不到的效果。

2. 商场资源

作为店中店，为了活动能够圆满完成，应当积极与商场沟通，提前协调好商场内黄金时间段的广告和活动位置，它们比较抢手，所以务必尽早行动。

3. 异业盟友资源

活动环节中需要涉及异业合作的，如开展以一站置家为主题的活动，就需要找到异业盟友的资源。为避免对方在活动期间与其他品牌合作，双方应尽快提前沟通好，然后各自在市场上宣传造势。

三、促销力度

❶ 了解竞争对手重点时间段内的促销方案，并且是具体的优惠形式，避免只得到笼统的折扣数据，因为缜密的促销并不只是简单的数字，而是一种优惠游

戏。比如单品满赠、总单值满减的组合，只有当客户最终决定成交时，才能核算出具体的优惠力度。因此，店面设计促销活动时，不是非要与竞争对手比较全部产品的优惠力度，而应着重于具体的房间组，尤其是在主要的房间组上下大功夫。

❷ 设计独享优惠。店面应为大单值客户准备特殊的政策，活动前就与他们沟通好，最好能让客户提前交款，如果不能提前交款，就邀请对方参加活动。在活动中，他们能感受到自己获得的优惠要高于其他人。活动时，自然也需要勇敢地向新客户逼单，现场给予额外的促销力度和政策，促进成功逼单。

❸ 客户没时间参加活动，这也很正常，促销力度要兼顾不能到活动现场的客户，不能放弃他们，让促销力度和名额联系起来，通过手机实现第二现场的成交。

四、活动宣传

围绕一场活动，店面按照既定的宣传计划表执行，内容细化到详细的宣传方式、频率和具体的时间点，而且要引导员工有优于竞争对手的提前宣传意识。店面须明确推送宣传的规定，每日在固定的时间点，要求全员推送统一的宣传内容。

当期活动的宣传物料应尽可能出现在线下的多个场地，比如合作楼盘、商场广告位和异业店面，当然更不能忽视线上渠道的宣传，比如个人自媒体、直播平台、微信公众号、网络商城、小程序等。

任何线上的宣传，并不需要将活动内容完全地呈现出来，至少要保留适当的神秘感，目的是吸引客户的关注，产生后续联系。在宣传中要留有活动链接的报名通道，通过线上端口导入，留取客户信息。如果活动内容中含有小金额的产品或服务促销，就设法增加线上收款的环节。

线上跟线下宣传的内容要有所区别，在线上可以采取直截了当的纯硬广方式，也可以是围绕着活动主题的软广方式，不管何种方式，这些宣传活动的广告内容要易于扩散。

❶ 有助于他人帮转的内容。针对楼盘群主、设计师、异业这几类群体，他们对于帮转宣传内容的要求和标准是不一样的，因此想要对方帮忙转发，文章的内容就要考虑到他们的背景以及影响范围的不同而区别对待。

② 有助于在群内产生互动效果的内容。希望通过已进店的业主以及群主、物业、置业顾问这类群体去结交更多的业主，或是自己单独组建某楼盘的团购群，那么线上广告宣传的内容就要侧重于互动效果，比如积赞、换购或是低价购买增值服务。

③ 有助于引导客户情绪递进的内容。限量限时就是引导客户情绪递进的一种方法，线上宣传时，从痛点的角度来组织宣传内容，比如不断强调活动名额的剩余数量和截止时间。

④ 有助于吸引目标用户点击的内容。想要做出针对某楼盘业主的定向广告文章，便捷有效的方法就是翻阅楼盘公众号的历史消息，学习里面点击率较高的文章，依照这种类型，编辑吸引业主阅读的内容。目标用户点击的自然是与自身利益相关的内容，如果觉得自身的能力和影响力不够，就向外部借力一起设计出有吸引力的宣传内容。

⑤ 有助于提前了解活动的过程。如果活动有不少亮点，宣传内容就可以以回顾历史活动为主，让未参加过活动的客户能简单了解到活动所呈现出来的状态，激发对方参加活动的兴趣。对于曾经参加过活动的老客户，店面如果需要他们前来捧场，这种宣传内容也能起到一定的作用。

五、任务分解

与分解年度指标、月度指标一样，每场活动自然也需要分解具体的指标。每一个细分的小目标，都清晰指明了员工在活动期间的努力方向，从而每个人都能完全配合好活动的开展。

① 细化分解到人。分解任务时结合每位员工在上一时间段内的业绩表现，以及他们的综合能力，尽量做到合理、客观，因为这与意向客户数量、完成压力以及激励政策相关。

② 细化分解到客户的来源渠道。这有助于监督员工在活动前制订好拓展客户来源的行动措施。

③ 细化分解到产品。有助于引导销售顾问，尤其是驻店设计师定向推荐产品，提高订单金额，提升成交率。这样做，也确保设计部门具备指标意识。

④ 细化分解到有助于任务达成的其他指标。比如为达成任务，需要邀约的客户数量、每日接待客户的转化数量、完成量房和设计方案的客户数量、转意向的客户数量等，这些指标能帮助员工在活动前梳理每日的工作重点。

⑤ 细化分解到活动现场签单和非活动现场签单的比例。如果是大型区域性活动，或者是多店一起组织的活动，必须强调实现多点开花的效果，非活动现场的签单意识一刻也不能放松。

六、客户准备

① 店面应提前进行针对性的蓄客。在活动前一段时间，店面对于自然进店的客户，要着重提高接待时长；对于临近交付期的楼盘，应围绕着深耕计划着重发力；为获取有效客户信息，在活动前频繁拜访设计师和异业。

最重要的是管理者应将蓄客数量和渠道来源作为店面的阶段性考核重点，在活动前务必深入一线、战斗在一线，协助店面收集到足够数量的客户。

② 细化必须收集的客户信息。联系方式细化到电话号码和微信，这与后期邀约成功率相关。客户风格的信息，能够帮助销售顾问预判客户是否具有冲动消费的可能性。还有其他信息，比如客户的陪同人员、购买决定权、进店次数、跟踪进展、意向产品、折扣需求、关注重点、比较中的竞争品牌等。

③ 收集客户的产品需求明细。意向客户会被多方锁定，所以店面组织活动时，应当使用针对性的促销方法锁定他们，比如小金额秒杀活动礼包、低折促销低单价产品或边缘产品、超值团购单品、定金和意向金的翻倍升值等。举例来说，客户缴纳活动金可以获得超值礼包，礼包不一定需要完全与家具本身相关，也可以涉及服务、设计、异业和周边产品，或是优惠名额。

七、客户邀约

活动期间，从日常使用的客户信息表中筛选出客户名单，确定邀约客户的必要时间节点，并规定全员及时更新邀约进展信息的要求。

根据活动客户的潜在成交率，细分出肯定签单、可能签单、能缴意向金等类型的客户。重点关注他们的累计进店次数、家访和设计方案情况、设计师参与程度以及关于对比竞争品牌的信息。分析他们的风格和痛点，做好相应的备注，并使用有区别的邀约话术。

针对前期进店但未能成交的客户，按照他们进店的间隔时长，细化成3个月内、半年内进店的客户，由店面进行统一邀约，点对点地推送活动信息。

若活动涉及异业合作，也应当为异业设定邀约目标。针对邀约困难的员工，店面应设置一对一帮扶制度，管理者协助他们完成邀约客户目标。

具体的邀约细节如下：

① 活动期间内，为确保员工能围绕着客户利益来描述活动内容，店面应利用晨会进行话术练习和检验。

② 区别对待邀约重点，根据进店次数和跟踪进展，筛选出不同类型的客户。比如已明确产品意向类型的客户，重点是额外优惠的套餐产品，另外，也有根据客户风格和购买习惯设计出来的针对性邀约重点。

③ 在每个重点时间段，关于活动的整体内容，店面应统一邀约话术的内容和格式。比如活动前一周和前一天，邀约话术肯定是不一样的，随着活动倒计时的变化，话术内容要让客户感受到越来越强烈的活动氛围，并且要不断与客户确认参加活动的可能性。

④ 组合使用电话、微信、短信、邀请函等多种邀约方式。

八、活动激励

① 在合理目标的前提下，设计好个人、团队的激励政策。

② 为基础指标设置激励政策。活动业绩的达成受到各种基础指标的影响，比如邀约客户到店率、线上报名的客户数量、某楼盘业主的到场数量、设计师带单金额、软装销售金额，甚至是活动微信文章的阅读量等等。针对这些基础指标的激励，能带动全员以更好的状态支持活动。

③ 榜样的力量可以激发其他员工的战斗力，在获得阶段性胜利时，店面采

用具有仪式感的激励措施，来提升团队荣誉感，鼓舞团队成员的士气。

④ 物质和精神激励同步，快速响应结果，及时兑现奖励。

⑤ 认可，也是一种激励。组建临时活动工作群，除了及时向员工发放激励红包以外，还应当分享活动期间的正能量。比如单场活动结束后，或是大型活动周期内，店面组织优秀员工分享成功的案例，让其他员工有学习榜样的机会。

九、动员大会

确定完活动各个环节的细化内容后，店面应当召开全员参与的动员大会，会议过程须围绕活动主题，将活动期间内的各项指标，以数据量化的形式通报全员。

动员大会须确保店面员工都熟知活动细节、激励措施，并清楚地了解各自的量化目标以及为达成目标所要执行的具体行动。

活动负责人通过有仪式感的行为来鼓舞员工，比如，让销售代表签订军令状和承诺书，编喊奋斗口号，设立PK板，提前兑现激励红包，全员一起悬挂宣传横幅和摆放宣传物料。

整个会议过程，必须留有文字纪要、照片和视频。所有员工在当日动员大会上的表现，都能转化成宣传内容，大家可以发送至各自的朋友圈，让活动的大概面貌与客户提前见面。

高效执行要点三
活动执行的细节标准

店内有些岗位的员工平常接触到客户的机会并不多，然而活动期间是不同的，大家均会临时被调整成活动中的角色，各自有着清晰的职责，并按照具体标准参与到活动的全过程，服务好活动现场。

一、员工的工作标准

1. 签到人员

清楚掌握每位客户的邀约人,负责登记客户信息。关注客户同行的人员数量,并大概了解他们之间的关系,及时反馈给活动负责人和邀约人,以便让店面有清晰的接待目标。

参加活动的客户除了来自邀约以外,也有被吸引而来的,对于这类客户,签到人员应询问对方获悉活动的途径,因为活动宣传有多种方式、多个渠道,店面需要掌握它们的宣传效果。

签到时,使用简洁的话术,告知客户大致的活动内容、流程、活动开始时间和奖品信息。主动引导客户在签到墙附近拍照留念,巧妙暗示客户发朋友圈。

2. 主持人

主持人对爆破活动来说,作用很关键,其语言应清晰有力,能将活动的核心要点、各种福利政策清楚地传递给客户。

从活动开始到高潮阶段,通过语言带动现场客户的情绪,引导大家迅速进入成交氛围。留意每一位交款和抽奖的客户,能及时播报出他们的姓氏、获奖信息、活动感受等内容,并提醒现场员工拍照留念。对于观望的客户,不断播报剩余礼品数量、限量服务、成交客户感言等内容,煽动他们加快决定的速度。

3. 收银人员

确保款项安全无差错的前提下,收银人员在活动现场追求的是以最便捷、最快速的方式进行收款。

4. 发奖人员

发放奖品时要观察活动现场的情况,一旦成交氛围不足,就应当控制住发放的节奏，延长客户在抽奖区停留的时间。

5. 店面设计师

在活动现场，店面设计师要高效解决客户的疑虑，获得客户认可，并达成共识。针对重点待成交的客户，熟悉对方的意向产品和痛点，并与销售顾问提前沟通好配合的话术，提前演练设计方案的讲解，准备好相应的辅助工具，如户型图、绘制工具等。

6. 协调和指挥人员

协调和指挥人员要具备快速决断力，对活动细节有一定的敏感度，清楚了解每个环节的目的，预判客户情绪的变化，从而合理地控制住活动进度。

二、活动前一天的准备

根据邀约客户表格，预判客户到场数量，确定客户少到和多到的补救预案。如果发现客户数量不足，必要时由管理者亲自邀约。

检查活动各环节和活动物料的准备情况，如果活动地点车位紧张，应提前一天协调好客户的停车位。再次为活动造势，督促员工点对点将活动现场布置的照片或视频发送给被邀约的客户，强化客户对活动的印象。

三、活动当天的重点

① 尽早集中彩排，鼓舞团队士气，强调活动的流程和主要目的，提醒各环节的要点，介绍针对突发事件的预案，确保所有员工知晓。

② 销售人员着职业装，鞋子以轻便为主，忌运动鞋。店面在指定处备足各种销售工具，供大家及时使用，比如产品图片、收据、销售清单、空白合同、套餐价格板、优惠卡、设计方案二维码和收银二维码等。

③ 再一次核对每一位获邀客户的到场情况，必要时，在活动前3个小时与客

户进行至少2次以上的电话确认。

④ 外场活动或独立店内举办的活动，须安排人员在路边引导客户停车，协调停车位；店中店则应安排人员在电梯口等候客户，为其引导。

⑤ 现场布置的氛围应能吸引附近客户的注意力，因此应提前布置好具备外露宣传效果的签到处，营造出活动仪式感的同时，能延长客户的停留时间，制造出活动人气。签到处增加客户互动的元素，比如特色签到墙、场景化的合影墙等，邀请客户现场合影，这些照片能用于后期宣传。对于被吸引的新客户，签到处应做好留资登记，并根据现场情况分配给员工接待，这个环节需要有活动预案。

⑥ 控制好签到后和活动正式开始前的间隔时间，根据客户到场时间，让客户在签到后就近落座或参观店面，一旦客户落座后，就不要轻易让客户离开，这个细节甚至要从座椅摆放方式上做文章。如果客户参观店面，应安排相应的陪同人员或辅助活动的娱乐项目。

⑦ 衔接好活动中所有的重点环节，控制节奏，避免降低客户的情绪，各个环节应当呈逐步点燃客户互动和购买热情的局面。在此罗列了以下的注意点：

· 精心规划活动开场前的视频内容，必须根据各段视频所要表达的意义，来细化它们的播放顺序。从企业历史到产品设计、再从服务到明码实价，前面3段视频的内容其实就是为明码实价铺垫，而宣传明码实价的视频则是为了减少活动现场的价格异议，避免客户纠结于折扣。

· 视频播放完，要把客户从视频中拉出来，转而进入到点燃客户情绪的环节。邀请客户代表发言，发言内容则是让客户从自己的切身体会出发，要成为视频内容最有力的佐证。最后简单围绕着本场活动的目的进行收尾，现场负责人对活动背景、重视程度、促销侧重点，为成交环节做重要的铺垫发言。

· 所有的视频和发言要考虑到客户的心理感受，控制好力度，适可而止，因为这些行为的目的，客户们心里也明白。

· 主持人煽情介绍针本场活动的意义和促销力度，发挥"临门一脚"的作用。这个环节，主要是营造现场氛围，逐步点燃客户的情绪。

⑧ 根据活动客户的邀约情况和意向客户成交情况，组合多种抽奖方式。现场突出各类奖品的展示效果，不管实物大小，一定要选择醒目的外包装，并展示在客

户能够看到的区域。对于奖品剩余数量，根据现场客户的参与情况选择性告知。

⑨ 活动负责人密切观察销售顾问在接待有明确意向的、观望徘徊的、还不急的这3类客户的细节，在个别销售顾问明显忙不过来的情况下，根据活动预案安排其他人员协助。销售顾问自身则要合理分配好自己的接待时间和体力。对于有明确意向的客户要加快成交速度，同时兼顾其他重点客户；安排已成交的客户自由活动；适当引导不急于成交的客户参加现场的互动节目；对观望徘徊中的客户，最好请求领导或同事帮忙接待，但要注意做好交接。

⑩ 交款环节的重点是提前准备好便捷的空白订单以及意向客户的产品清单，可以多列，对于客户决定不购买的产品，直接用笔划掉，在清单上注明产品的总金额和折扣即可。为高效成交，避免耽误时间，减少销售顾问申请额外优惠的环节，应当引导客户快速进入交款环节；更不能因为生成订单的时间过长，导致客户想法产生变化。

每位员工人手一份交款二维码，收银处备好收据，所有的过程都要求做到快捷便利，趁热打铁。

⑪ 没有接待任务的销售顾问，必须适时发送活动现场的照片和视频给那些未能参加的客户，并明确告知对方，自己可以帮助他们通过非活动现场成交的形式来锁定优惠名额。

高效执行要点四
确保活动效果的延续

一、再次联系意向客户

为提高本场活动的收益，针对答应参加却未能参加的客户，以及一部分本无计划参加的客户，员工在活动结束后应当向他们发送内容统一的信息。

内容举例：

> 很遗憾今天您未能参加活动，这次活动的力度非常大，机会也难得。不过我们店在工厂总裁临行之前，特地申请了几个保留名额，同事们也在积极联系他们的客户，而我第一时间就想到了您，您不妨跟家人再商量一下。
>
> 因为必须将今天的订单录入到工厂系统，才能享受这个优惠，所以我们下班会比较晚，您不用顾虑，我可以在店面等你。我稍后再给您电话确认。（后面加上自己的姓名和电话）

二、总结活动各重要环节

统计邀约客户的到场情况、分析店面和销售顾问在整个邀约过程中有待完善的地方。统计成交订单的金额，分析每张订单的详情，衡量签单值与所耗费精力之间的关系。比如分析客单价较小的订单，让销售顾问由此注重锻炼自己判断客户购买力以及在活动中把握和引导客户的能力。

分析烘托现场氛围、点燃客户情绪的方法还有哪些不足之处，并记录好优化措施，在后期活动时进行调整。

为了延续本场活动的效果，店面和销售顾问应该从多方面着手宣传。同时，鉴于不同目的的活动之间需要有连贯性，让其他客户和销售顾问都能在下一场活动中获益，巧妙的衔接就非常有必要。为了下一场活动，大家根据衔接点，一起拟定活动的主要方向，以及各自紧接着要开展的后续工作内容，这样，在正式策划下场活动时，才会有清晰的细节方案。

高效执行要点五
销售顾问该如何执行和利用好活动

以上内容基本是从店面角度出发的，那么，对于销售顾问而言，该如何执行和利用好一场活动呢？笔者总结了一些重点内容。

一、充分的准备

❶ 清楚工厂、商场或店面年度内重要的活动节点，然后按照这个节奏去接待和储备客户，对于有初步意向的客户，要善于提前向客户发出活动的邀请。

❷ 按照成交意愿，分类管理自己的客户，不要把鸡蛋放在一个篮子里，不要过于依赖于活动开单。优秀的销售顾问总是在活动开始前，早就充分利用计划安排，提前向客户发出成交的信号，比如承诺客户保价政策，确保取得客户的信任。

❸ 每次活动前，频繁跟踪已接待过的客户，以确保邀约的基础数量。有意识地与异业伙伴达成合作共识，必要时在活动期间邀请对方前来参加活动，帮自己接待客户，或是请求对方带着转介绍的客户一同前来。

❹ 应在每个活动节点的前一段时间，早就在微信里持续推送预设的活动内容，必要时，邀请老客户为自己做口碑宣传和转介绍。

❺ 准备好所有的销售工具，避免自己在活动过程中受到干扰，保持高效率，不要拘泥于细小的事务，做好自我管理和统筹。

二、高效的借力

❶ 在活动中，如果遇有多位客户同时进店，应当合理分配自己的体力。遇

到犹豫的客户，要勇敢地发出成交信号，用直截了当的话术测试对方当天成交的概率，避免顾此失彼。

② 合作盟友必不可少，一旦自己的客户接待不过来，或是遇到自己无法掌握的客户，邀请盟友来合作，包括其他销售顾问、设计师。

③ 不要让价格异议变成影响订单成交的主要障碍，遇到高单值的客户纠结于折扣时，而自己又无法快速成交的话，及时请求管理者的协助。

④ 不要疏忽手机，如果微信好友里还有其他的意向客户，活动期间别忘了通过手机抽空与对方保持互动，争取能在线上成交；即使未能成交，也要让活动在对方的脑海里留下深刻的印象。

三、不忘老客户

为自己的重点老客户争取伴手礼，尤其是那些帮忙转介绍过，或是曾经参与过类似活动的老客户。即使对方没能来参加活动，也要邀请他们在活动结束后来店面领取，或者快递过去。这样，老客户与销售顾问之间的感情才会逐步牢固。

在实战中，关于执行活动，肯定还有更多的细节值得思考和总结，尤其是对于销售顾问个人而言，利用好店面活动，可以为自己带来切实的帮助。

结　语

　　这个时代进步得太快了，若我们自满自足，只要停留，便是后退。关于这一点，笔者在多年的跑步经历中也深有感触，一旦停跑一个星期，重新再开始时，速度就会掉下来很多，人也会很累；如果停跑期达一个月之久，那么就很难恢复到以前的速度，而且一切还得从头开始。同样的道理，面对日益更新的零售行业，我们首先要能跟得上大家前进的步伐，每个人都在不断接受和更新着经营管理的思想和方法，为了不让自己停止前行，就不能疏忽学习，并且还要能学以致用；其次则是长期坚持自我批判，不断总结和反思自己正在使用的方法。

　　在工作中，对细节追求极致，才能不断地强大自己，取得进步。这两本书的内容，均来自实战，一本着眼于零售店面在内务管理中的细节，另一本则围绕着零售店面的营销业绩细节而展开。两本书加起来区区几十万字，并不能将笔者内心所要讲述的内容完全呈现出来，为了方便读者复制使用，其中的几十张表格管理工具和几十个不同类型的销售案例等，都带有抛砖引玉的作用，希望能与各位读者产生共鸣。如果各位读者在阅读后有所感悟，乃至于存有不同的观点，我也会感到欣慰，因为知识就应当被用来分享和讨论。我也更愿意看到在家居或是其他品类的零售行业里，能有更多的职业人愿意主动分享自身的零售经验，在市场上，能出现更多关于零售店面的文章和书籍。只有大家一起努力，才能共同促进零售行业的发展。

　　这两本书里的内容，绝大部分是容易被复制的经验、接地气的干货，如果读后不在工作中进行检验和使用，那么它的价值就不大。

　　在本书结语的最后，笔者的建议是，为此自己制订一个学习后的行动计划。

根据自身的状况，循序渐进地深入，不要贪多，每月围绕着几个点，精细化地执行使用就好了。

感恩宏图三胞、美克美家、亚振这三家知名零售企业先后给了我积累工作经验的宝贵平台！感恩在写作期间不断鼓励和支持过我的好友们！感恩杜娟老师、樊菲老师辛勤的编辑和审校！

最后，感恩雨后花露上映射的彩虹，那亮丽的色彩给了我无穷的力量！

2021年4月于南京